Ernst Ehrenbaum

Untersuchungen über die Struktur und Bildung der Schale

der in der Kieler Bucht häuftig vorkommenden Muscheln

Ernst Ehrenbaum

Untersuchungen über die Struktur und Bildung der Schale der in der Kieler Bucht häuftig vorkommenden Muscheln

ISBN/EAN: 9783743694811

Hergestellt in Europa, USA, Kanada, Australien, Japan

Cover: Foto ©berggeist007 / pixelio.de

Weitere Bücher finden Sie auf **www.hansebooks.com**

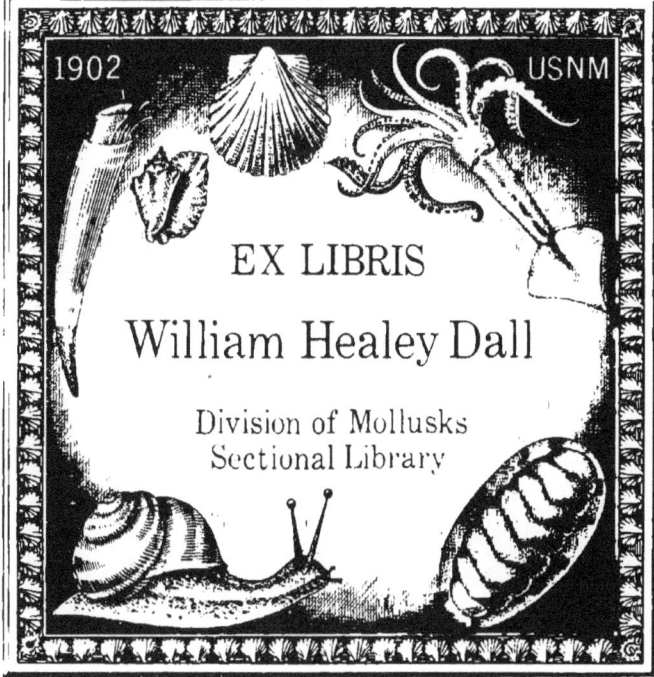

UNTERSUCHUNG[EN]

ÜBER DIE

UND BILDUNG D[ER]

DER

[ER] BUCHT HÄUFIG VORKO[MMENDEN]

MUSCHELN.

[PHI]LOSOPHISCHEN FAKULTÄT IN KIEL MIT
[SSI]'SCHEN PREISE GEKRÖNTE ARBEIT.)

[I]NAUGURAL-DISSERTATION

[ZUR ERL]ANGUNG DER DOKTORWÜR[DE]

[DER] PHILOSOPHISCHEN FAKULTÄT ZU KIEL

VORGELEGT VON

ERNST EHRENBAUM

AUS PERLEBERG.

MIT ZWEI LITHOGRAPHISCHEN TAFELN.

LEIPZIG

WILHELM ENGELMANN

1884.

(Separat-Abdruck aus: Zeitschrift für wissensch. Zoologie. XLI. Band.)

Imprimatur:

Prof. Dr. L. POCHHAMMER

z. Z. Dekan.

INHALT.

Die vorliegende Arbeit wurde im Sommer- und Wintersemester 1883/1884 im zoologischen Institut der Universität zu Kiel angefertigt. Meinem hochverehrten Lehrer,

HERRN PROFESSOR DR. K. MÖBIUS,

erlaube ich mir an dieser Stelle meinen herzlichsten Dank abzustatten für die Freundlichkeit, mit der derselbe mich bei meinen Arbeiten unterstützte und mir alle Hilfsmittel des Institutes zur Verfügung stellte.

Die Schale der Mollusken ist seit viel längerer Zeit Gegenstand eingehender Untersuchungen gewesen als die Organisation der sie bewohnenden Thiere. Indessen beschränkte sich die Kenntnis der Schalen lange Zeit wesentlich auf die ganz äußerlichen Eigenthümlichkeiten derselben, besonders ihre Form und ihre Farbe. Ihre innere Struktur und ihr feinerer Bau ist, abgesehen von den ersten Anfangsstudien, die noch ins vorige Jahrhundert fallen, erst in unserer Zeit einigermaßen erschlossen worden, im Ganzen aber und besonders in ihren Beziehungen zu den Wachsthumsvorgängen selbst heute noch so wenig gekannt, dass der modernen Forschung auf diesem Gebiet noch ein außerordentlich großes Feld zur Bearbeitung offen bleibt.

Réaumur (1)[1] war wohl der Erste, der diesem Gegenstande ein eingehenderes Studium widmete. Er hatte, gestützt auf Regenerationsversuche, die er an verletzten Schneckenschalen anstellte, die Schale für ein Absonderungsprodukt des Thieres erklärt. Dagegen wies schon sein Zeitgenosse Méry (3) auf die Nothwendigkeit hin, ein selbständiges inneres Wachsthum der Schale anzunehmen, da sonst das Fortrücken der mit ihr verbundenen Muskeln nicht zu erklären sei. Diesen Widerspruch löste Réaumur (2) selbst in einer zweiten Arbeit, worin er seine frühere Theorie aufrecht hielt und darauf hinwies, dass die Muskeln nicht in, sondern an den Schalen fortrückten. Trotzdem erklärte später Hérissant (4) (1766), der Schale komme ein eignes inneres Wachsthum zu, ähnlich wie den Knochen, denn das Wesentliche an ihr sei nicht der Kalk, sondern die organische Grundmasse, in welcher der Kalk nur ein-

---

[1] Die Zahlen hinter den Autorennamen verweisen auf das beigegebene Litteratur-Verzeichnis.

gelagert sei. Diese Ansicht blieb auch lange die herrschende, und
Männer wie Cuvier, Blumenbach u. A. haben ihr gehuldigt. — Von ihr
geleitet suchte man nun zunächst nach einer Gefäßverbindung zwischen
Schale und Thier besonders im Schließmuskel. Man gab diese Ansicht
auch nicht auf, trotzdem die meisten Forscher mit Ausnahme von
Poli (5) bei der Aufsuchung dieser Verbindung zu negativen Resultaten
gelangten. In der Schale selbst schien nämlich das Gefäßnetz nicht zu
fehlen, wie noch die weit späteren und sehr gründlichen Untersuchungen Bowerbank's (6) bestätigten.

Ehe wir indessen die Entwicklung dieser Ansichten weiter verfolgen, müssen wir noch einer anderen dritten gedenken, die einem
französischen Forscher, dem Grafen Bournon (7), ihren Ursprung verdankt. Obwohl demselben das Vorhandensein der organischen Substanz in den Schalen nicht unbekannt war, so hielt er es doch gegenüber dem Kalk für nebensächlich. Er betonte vor Allem die Selbständigkeit des Kalkes, der allerdings durch das Thier abgesondert, später
aber dessen Einflüssen gänzlich entzogen werde und dann gerade so
krystallisire wie in der anorganischen Natur. Die Folge war, dass eine
große Zahl der namhaftesten Physiker und Mineralogen die Beschaffenheit des Kalkes in den Molluskenschalen zum Gegenstande ihrer Untersuchungen machten. Bournon selbst hatte bereits die Krystallform des
Kalkspats an den charakteristischen rhomboedrischen Spaltungsflächen in
vielen Theilen der Schalensubstanz nachgewiesen. Seine Resultate wurden
ergänzt und zum Theil berichtigt durch Brewster (8), der nachwies, dass
die Perlmutter, abgesehen von anderen ganz eigenthümlichen optischen
Eigenschaften, doppelt brechend sei, durch de la Bèche (9), der aus dem
specifischen Gewicht, Necker (10), der aus der Härte, und Leydolt (11),
der aus den erhaltenen Ätzfiguren den Schluss zog, der kohlensaure
Kalk der Muschelschalen müsse wenigstens zum Theil aus Aragonit be-
stehen. — Die Resultate dieser Untersuchungen finden sich zusammen-
gefasst, berichtigt und erweitert in der ausgezeichneten Arbeit von
G. Rose (12), welcher Aragonitkrystalle besonders an Pinnaschalen
direkt zu beobachten glaubte und zu dem Schluss kam, dass ein Theil
der Molluskenschalen aus Kalkspat und Aragonit bestehe (Pinna, Unioniden etc.), ein Theil nur aus Kalkspat (Ostreiden) und ein anderer
nur aus Aragonit (Cephalophoren). — Eine sehr viel neuere Arbeit von
Sorby (13) nimmt die Resultate Rose's ziemlich rückhaltslos an und erweitert dieselben durch Untersuchung der Kalkabscheidungen der gesammten Wirbellosen in der angegebenen Richtung. Durch Anwendung
derselben mangelhaften Methoden, die schon 25 Jahre früher seine Vor-
gänger geleitet, gelangt Sorby zu noch größeren Inkonsequenzen als

jene. Wir werden im Verlauf unserer Untersuchungen noch auf den Werth der Resultate dieser ganzen Untersuchungsreihe zurückzukommen haben.

Schon etwa ein Decennium vor der Rose'schen Arbeit waren von zwei namhaften englischen Forschern, Bowerbank (6) und Carpenter (14), Abhandlungen über den feineren Bau der Molluskenschale veröffentlicht worden, die in ihrer Eigenart von großer Bedeutung für die Entwicklung der ganzen Frage geworden sind. Beide geben der Schale einen cellulären Ursprung und Aufbau. Bowerbank vindicirt der Schale eine knochenähnliche Struktur, die dadurch zu Stande kommt, dass kohlensaurer Kalk in den Zellen der Häute abgesetzt wird, aus denen die Schale zusammengesetzt ist, oder dass die kalkführenden Zellen bei spärlicher Entwicklung der häutigen Theile sich zusammenhäufen und verschmelzen. Zu ganz ähnlichen Resultaten gelangen die gleichzeitigen Untersuchungen Carpenter's, der an einem außerordentlich reichhaltigen Untersuchungsmaterial — circa 1000 Präparate von 400 theils lebenden, theils fossilen Species — zu dem Schlusse kommt, die Schale entstehe durch Metamorphose der Mantelepithelzellen: die Prismen der äußeren Schalensubstanz bilden sich durch Verwachsung einer Reihe von Zellen. Dieselben werden wie Knorpelzellen im Innern einer Intercellularsubstanz gebildet, wobei diese allmählich zurücktritt in dem Maße, wie die Zellen sich vergrößern, Kalk in sich aufnehmen, um schließlich sich gegenseitig abplattend eine polygonale Gestalt anzunehmen. Auch die lamellären Schalentheile (membranous shell substance), wie z. B. die Perlmutter, entstehen aus Kalkzellen (calcigerous cells) dadurch, dass diese platzen und mit ihrem Inhalt eine membranöse Unterlage imprägniren. Selbst die Kanäle, welche die Schale durchsetzen und die übrigens auf fast allen Abbildungen Carpenter's mit Bestimmtheit als Bohrgänge parasitischer Mikroorganismen erkannt worden sind[1], sollen durch Verwachsung von Zellen entstanden sein.

Dieser Auffassung steht nun die Sekretionstheorie, welche mehr oder weniger modificirt auch jetzt noch die allgemein geltende ist, gegenüber. Sie erklärt alle Schichten der Schale für ein Absonderungsprodukt der Mantelepithelzellen, ähnlich wie schon Réaumur behauptet hatte, und stellt diese Gebilde in die große Klasse der Cuticularsubstanzen, deren allgemeine Verbreitung im Thierreich erst von Kölliker (16) genügend gewürdigt und hervorgehoben wurde.

Leydig (21) beansprucht für sich das Verdienst, zuerst auf das Wesen und die Bedeutung der Cuticularsubstanzen aufmerksam ge-

---

[1] cf. Nr. 15, 17 und 18 des Litteraturverzeichnisses.

macht zu haben. Er war schon 1855 zu dem Satze gekommen : »Die
Cuticularbildungen sind als Abscheidungen einer Matrix zu betrachten,
welche entweder aus distinkten Zellen besteht oder aus verschmolzenen
Zellen.« Dabei stellte er diese Bildungen in die Gruppe der Bindesub-
stanzen. Seit Kölliker und Leydig hat die Ansicht, dass man es in den
Molluskenschalen mit eigentlichen Cuticulargebilden zu thun habe, die
weitgehendste Bestätigung und Verbreitung gefunden, und die meisten
Autoren, die sich neuerdings mit der Frage beschäftigt haben, sind ihr
gefolgt; ich nenne z. B. v. Ihering (22), v. Hessling (23), Huxley (19)
und Semper (24). Besonders verdient an dieser Stelle auch C. Schmidt
(25) erwähnt zu werden, der schon im Jahre 1845 ausgedehnte Experimente über die gesammten physiologischen Vorgänge bei der Schalenbildung anstellte und dabei zu Resultaten gelangte, die noch heute im
vollsten Maße Geltung haben und in keiner Weise widerlegt worden
sind. — Indessen hat diese Sekretionstheorie auch in neuerer Zeit
mannigfache Widersprüche erfahren. Meckel (26) war der Ansicht,
dass z. B. bei Helix die Schale von Kalkdrüschen des Mantels ausge-
sondert werde. Semper bewies darauf, dass nur die sog. Epidermis der
Pulmonaten von Schleim und Pigment liefernden Drüsen, welche sich
am Mantelrande finden, abgesondert werde, während die eigentlichen
kalkhaltigen Theile der Schale immer der sekretorischen Thätigkeit der
Epithelzellen ihren Ursprung verdanken. — Eine sehr eigenthümliche,
wenn auch nicht sehr klare Auffassung der Schalenbildung findet sich
bei Keferstein (27). Während Bronn selbst in seinen bekannten »Klassen und Ordnungen des Thierreichs« eine Cuticularbildung durch
mechanische Abstoßung von Epithelialtheilen annimmt, vertritt Keferstein, der Fortsetzer jenes Werkes, eine etwas andere Ansicht. Auch
er rechnet die Schale zu den »hautartigen Zellenausscheidungen«, will
ihr aber doch eine »gewisse Belebtheit« zuertheilen, da sie sich sofort
stark verändere, wenn sie vom Thiere entfernt werde. Man muss annehmen, sagt er, »dass die Schale vom Blute der Schnecken her durch
die bloße Kontinuität der Gewebe ernährt werde, wie es auch für den
gefäßlosen Knorpel statt hat«.
    Wir kommen schließlich zu den beiden neuesten Arbeiten auf die-
sem Gebiet, die für die vorliegenden Untersuchungen vorzugsweise zum
Ausgangspunkt gedient haben. Die erste stammt von v. Nathusius-
Königsdorn (28), die zweite von T. Tullberg (29). Die letztere bringt
verschiedene Beobachtungen über Strukturverhältnisse und im Zusammenhang damit eine fast ganz neue Theorie über die Bildung gewisser Schalentheile. Die Prüfung und Widerlegung dieser, wie es scheint,

von Huxley stammenden Ansicht[1], dass gewisse Schalentheile, besonders die Epicuticula, durch »chemische Metamorphose der oberflächlichen Zone der Zellkörper« entständen, ist mit eine Aufgabe der vorliegenden Arbeit gewesen. Was die höchst eigenthümlichen Theorien betrifft, die v. Nathusius-Königsborn über das Wachsthum der Schalen aufstellt, und die zum großen Theil auf die Ansichten von Méry und Hérissant zurückgreifen, so konnte denselben hier nur eine beschränkte Aufmerksamkeit geschenkt werden. Die ganze Art der Beweisführung ist viel zu eigenartig, als dass sie überzeugend sein könnte. Die Selbständigkeit der Schale als eines aus sich herauswachsenden Gewebes der Mollusken wird mit dem Fehlen eines festen Zusammenhanges zwischen Schale und Mantel begründet. Frühere ähnliche Theorien hatten gerade das Vorhandensein einer (Gefäß-) Verbindung zu konstatiren gesucht. »Das freie Wachsthum des Randes von Mytilus,« heißt es a. a. O. p. 115, »der durch die Randmembran (periostracum) nachweislich außer jedem Kontakt des Mantels steht, dessen Zellen man die Sekretion der Schale mit kühner Phantasie angedichtet hatte, würde allein genügen, um über die Cuticularhypothese den Stab zu brechen.« Wenn der wahre Sachverhalt schon so lange und sicher bekannt ist, wie in diesem Falle, so bedürfen solche geradezu falschen Angaben keiner Kritik, denn sie richten sich selbst. Dann vergleicht v. Nathusius-Königsborn die nach seiner Meinung einander entsprechenden Theile zweier verschieden großer Schalen, und schließt aus den gefundenen Zahlen auf ein selbständiges »innerliches Wachsthum in allen Dimensionen«, wobei dann »Verschiebungen« von der dünneren Mitte nach dem dickeren Rande so wie Knickungen und Stauchungen einzelner Theile — in denen die Lagerung der Kalknadeln eine unregelmäßige ist — angenommen werden. Derartige vergleichende Messungen haben aber offenbar nur einen Sinn, wenn man es mit unter ganz gleichen Bedingungen ernährten und gewachsenen Individuen zu thun hätte. Es ist durchaus nicht festgestellt und sehr fraglich, ob die Dicke und Länge der Anwachsstreifen bei verschiedenen Schalen in gleicher und daher vergleichbarer Weise zunimmt, und es scheint, dass der genannte Autor Voraussetzungen gemacht hat, die das Resultat seiner Untersuchungen vorwegnehmen, was um so auffälliger ist, als er selbst über die Gewagtheit derselben kaum in Zweifel zu sein scheint.

Indessen verdient hervorgehoben zu werden, dass die Abhandlung von v. Nathusius-Königsborn ganz außerordentlich gründliche Unter-

---

[1] cf. Nr. 20, p. 165 und Nr. 29, p. 7.

suchungen über die Schalenstruktur verschiedener Mollusken enthält, unter denen besonders Mytilus edulis die eingehendste Berücksichtigung gefunden hat. Dieselben waren die Grundlage für TULLBERG's Beobachtungen und der Ausgangspunkt für meine hier folgenden Angaben über Mytilus edulis, die hauptsächlich kompilatorischer und kritischer Natur sind und nur in sehr wenigen Punkten Anspruch auf Neuheit haben.

Was den Gesammthabitus und die makroskopische Physiographie von Mytilus so wie aller anderen in den nachfolgenden Zeilen abgehandelten Muscheln betrifft, so verweise ich hier auf das umfangreiche mit naturgetreuen Abbildungen versehene Werk von MEYER und MÖBIUS (30) über die Fauna der Kieler Bucht.

Mytilus edulis L.

Die ganze Schale ist von einem schön braunen bis dunkelolivgrünen, zuweilen in allen Regenbogenfarben schillernden »Periostracum« überzogen, auch Epicuticula genannt, — die »Epidermis« früherer Autoren. Dasselbe ist um den Schalenrand umgebogen und mit dem äußersten Ende in einer Vertiefung des Mantelrandes befestigt, dem es seine Entstehung verdankt. Seine Dicke wächst von der Entstehungsstelle stetig bis zum Schalenrande und nimmt auf der Schale vom Rande nach dem Umbo zu an Dicke wieder ab, was sich in natürlichster Weise dadurch erklärt, dass das jüngere Thier weniger Cuticularmasse absondert als das ältere. Die äußere Oberfläche des Periostracum erscheint dem unbewaffneten Auge glatt; unter dem Mikroskop bemerkt man jedoch auf günstigen Flächenansichten ein System von sehr feinen parallelen Rillen, die auf senkrecht zu ihrer Richtung geführten Querschnitten eine feine zackige Ausrandung hervorrufen (Fig. 1 C). Ich werde auf diese Rillen noch einmal später bei Behandlung des Absonderungsmodus zurückzukommen haben, bemerke indessen schon hier, dass die rillige Außenfläche des Periostracums dieselbe ist, welche an der Ursprungsstelle dieses Gebildes den Epithelzellen des betreffenden Mantellappens aufliegt, wie auch aus der Vergleichung der Figuren 3 und 5 leicht ersichtlich ist.

Das ganze Periostracum ist in einer bestimmten Zone von verschiedenartig gestalteten, auf Flächenansichten aber meist sehr regelmäßig polygonal erscheinenden Höhlungen durchsetzt (Fig. 1 A), die den Eindruck von Zellen machen und früher auch als solche beschrieben worden sind. Sie sind im natürlichen Zustande jedenfalls mit Flüssigkeit gefüllt, die dann bei der Präparation freilich häufig von Luftblasen verdrängt wird unter gleichzeitiger Verdunkelung der betreffenden Stellen des Präparates (Fig. 1 C). Die Höhlungen lassen sich bis zur Ursprungsstelle des Periostracum verfolgen. Man sieht auf Flächenbildern vom inneren Periostracum (d. i. der um den Schalenrand umgebogene Theil), dass die Höhlungen an den jüngsten Theilen ziemlich groß und sparsam, dann näher dem Schalenrande viel kleiner und zahlreicher werden (Fig. 1 B), um endlich auf der Oberfläche der Schale jene schon erwähnte regelmäßige Anordnung und Gestalt anzunehmen (Fig. 1 A). Natürlich lassen sich diese sonderbaren Verhältnisse nur durch sekundäre Veränderungen in der Cuticularmasse erklären. Diese brauchen aber eben so wenig wie die sekundären Processe in den eigentlichen Schalentheilen als das Resultat eines organischen Wachsthums der betreffenden Theile angesehen zu werden. — Ein gelungener Querschnitt durch das innere Periostracum (Fig. 5) gestattet auch, die allmähliche Bildung der Hohlräume näher zu verfolgen. Sie erscheinen auf der distalen Seite des Cuticulargebildes als ganz flache allmählich sich vertiefende Ausrandungen. Je weiter sie sich aus der Tiefe der Mantelrandfalte entfernen, desto mehr schließen sie sich dann gegen außen ab und scheinen in das Innere hineinzuwandern, um schließlich der entgegengesetzten Seite — späteren Außenfläche — ziemlich genähert in einer bestimmten Zone zu verharren. — Die Höhlenbildung selbst hat man sich jedenfalls so zu erklären, dass eine ganz bestimmte Zone des Epithels b (Fig. 5) unvollkommen secernirt, dass aber später beim Fortrücken der Cuticularmasse die entstandenen Löcher von gleichmäßig secernirenden Theilen des Epithels mit einer kontinuirlichen Decke versehen werden.

Man kann im Periostracum von außen nach innen folgende Theile unterscheiden (Fig. 1 C):

1) einen äußerst schmalen sehr hellen Randsaum, der Träger der rilligen Oberflächenskulptur ist,

2) eine schmale Cuticularlamelle,

3) Höhlenschicht,

4) zweite Cuticularlamelle, welche nach dem Schalenrande zu — also je älter das Thier wird — bedeutend an Dicke zunimmt und dann meist mehrere Schichten erkennen lässt, zuweilen auch sparsame kleinere Höhlungen ohne regelmäßige Anordnung enthält,

5) unterste durchweg dunkler gefärbte und ziemlich homogen erscheinende Cuticularschicht, welche in einer unregelmäßig gestalteten und oft stark ausgebuchteten Linie die Grenze nach der blauen Schalensubstanz hin bildet.

Tullberg und v. Nathusius-Königsborn berichten von Stacheln, die

die Oberfläche der Schale junger Mytilus bedecken sollen, selbst noch bei Thieren von 4—6 mm Länge. Ich habe das nicht bestätigen können, obwohl ich eine große Menge der jungen Brut, die im Juli so massenhaft im Kieler Hafen erscheint, darauf untersucht habe. Als konstantes Merkmal dürfen daher diese Bildungen nicht angesehen werden. Das Periostracum geht am dorsalen Rande auf der Vorder- und Hinterseite des Thieres gleichmäßig in das sog. Schalenband über, welches hier nur als eine geringfügige Modifikation der Epicuticula erscheint. Der mittlere und eigentliche Haupttheil des Schlossbandes, der sog. Knorpel, zeigt aber eine abweichende und eigenartige Struktur, die in der Kombination einer prismatisch nadelartigen mit einer dazu senkrechten lamellären Anordnung den wesentlichsten Charakter der eigentlichen Schalensubstanzen dokumentirt. Diese Eigenthümlichkeit des Schlossbandes erklärt sich dadurch, dass die Hauptmasse desselben immer eine gewisse, wenn auch geringe Menge Kalk eingelagert enthält, der die hochgradige Brüchigkeit dieses Theiles mit zu bedingen scheint, während das Periostracum fast ganz frei von Kalk ist. Tullberg hat in der citirten Abhandlung die gesammten Verhältnisse des Schlossbandes von Mytilus durch zahlreiche Abbildungen eingehend erläutert.

Was die eigentlichen harten Schalentheile anbetrifft, so kann man hier wie bei allen bis jetzt darauf untersuchten Lamellibranchiern zwei specifisch verschiedene Theile unterscheiden, die hier nicht minder scharf von einander abgesetzt sind als bei den in dieser Beziehung best bekannten Najaden. Die äußere wesentlich formbildende Schicht der Schale, die hier wegen ihrer intensiven in regelmäßigen streifigen Zonen blau bis violetten Färbung auch die blaue Schalensubstanz genannt ist, besteht aus zahlreichen regelmäßig dicht an einander liegenden Nadeln. Während beim ersten Anblick der Kalk diese Struktur wesentlich zu bedingen scheint, so bemerkt man doch, dass das nach dem Entkalken zurückbleibende Konchiolingerüst noch alle wesentlichen Eigenthümlichkeiten der gesammten Schicht erkennen lässt. — Die Richtung der Nadeln ist im Allgemeinen eine gleichmäßige und gegen die Oberfläche der Schale in einem bestimmten Winkel geneigte. Es finden sich jedoch innerhalb der Schale an sehr vielen Stellen Unregelmäßigkeiten, die man nicht unpassend als Überwerfungen bezeichnet hat, weil die Richtung der Nadeln dort eine ganz abweichende ist (Fig. 2). Die Nadeln besitzen am Ende nach dem sie bedeckenden Periostracum hin rundliche Köpfe, wie man an genügend jungen und durchsichtigen Schalen mit Leichtigkeit auf Flächenansichten erkennen kann. Das andere Ende der Nadeln steht in direkter Berührung mit dem Cuticularsaum des Mantelepithels, und es scheint, dass die frisch ausgeschiedene Kalk in der durch die schon vorhandenen Nadeln gegebenen Form und Richtung ankrystallisirt, während die Konchiolinsubstanz, sei es in gleicher Weise aktiv wie der Kalk, sei es mehr passiv betheiligt, die entsprechenden Formen annimmt. Dass der Kalk hier bei Mytilus eben so wie bei allen anderen Schalen krystallinisch, in gewissen Theilen sogar krystallisirt ist, wie es z. B. bei Pinna u. a. ohne Frage der Fall ist, unterliegt keinem Zweifel. Das Vorhandensein jener krystallinischen Flächen, die schon Tullberg beschrieben und abgebildet hat[1], kann ich bestätigen. Ich finde sogar drei verschiedene Spaltungsrichtungen in der blauen Substanz, von denen die eine untergeordnete mit der Längsachse der Kalknadeln zusammenfällt, während die beiden anderen regelmäßig wiederkehrende Winkel damit bilden. Ähnliches ist für Pinna und Meleagrina[2] schon früher konstatirt worden. So weit ich bei Pinna und Mytilus die Winkel der Spaltungsrichtungen gemessen, habe ich immer konstante Werthe gefunden. Natürlich besitzen die gefundenen Zahlen als absolute Größen keinen Werth, da man nicht erwarten darf, auf Schliffen, deren Lage und Richtung eine meist zufällige ist, die Spaltungsflächen gerade in ihren Neigungswinkeln getroffen zu finden. Obwohl sich viele Autoren dagegen sträuben, den Kalk in den Muschelschalen für krystallisirt zu erklären, so möchte ich dies wenigstens für Mytilus mit aller Entschiedenheit aufrecht erhalten, wenn auch in den meisten anderen Fällen, z. B. auch in der Perlmutter, der Kalk nur als krystallinisch bezeichnet werden kann. Leydolt und Rose[3] sind bei Pinna zu dem Resultate gekommen, dass jedes der großen säuligen Prismen als Krystallindividuum zu betrachten sei mit konstant gelagerter Hauptachse und variablen Nebenachsen, und ich finde, dass Querschliffe dieser Säulen im konvergenten polarisirten Licht in der That das charakteristische einfache dunkle Kreuz der optisch einachsigen Mineralien mit unverkennbarer Deutlichkeit zeigen. Wenn es mir nun auch nicht gelungen ist, dasselbe bei Mytilus in gleicher Weise zur Ansicht zu bringen, da wegen der Kleinheit der Elemente das eine das Bild des anderen stört, so halte ich mich doch wegen der im Übrigen gleichen optischen Eigenschaften zu einem Analogieschluss berechtigt. Auch ist es mir gelungen, durch Maceration ganze Bündel oder auch einzelne Kalknadeln zu isoliren, wo ich dann besonders an den letzteren konstatiren konnte, dass sich dieselben im polarisirten Licht vollkommen wie hexagonale Krystallindividuen verhalten: beim

---

[1] cf. l. c. Taf. VI, Fig. 1.
[2] cf. v. Nathusius-Königsborn, l. c. Fig. 63.
[3] cf. l. c. p. 79.

Drehen des polarisirenden Nikols fallen nämlich die Auslöschungsrichtungen immer genau mit der Längsachse der Nadeln zusammen.

Neben der Anordnung in Nadeln zeigt die blaue Substanz eine fernere wesentliche Struktureigenthümlichkeit in den Anwachsstreifen, die die Richtung der Kalknadeln im spitzen Winkel schneiden und dem Ganzen einen allerdings wenig vorwiegenden lamellären Charakter verleihen (Fig. 2).

Was schließlich noch die äußere Begrenzung der blauen Substanz anbetrifft, so ist zu bemerken, dass dieselbe besonders in der Nähe des Schlosses gegen die innere weiße Substanz hin eine auffallende und scharfe ist. Die äußere Substanz springt hier ganz regelmäßig mit einem scharfen Ausläufer in die benachbarte weiße Substanz hinein [1], was um so auffälliger ist, als, wie wir auch später bestätigt finden werden, bei den Schalensubstanzen ganz allmähliche Übergänge der einen Struktur in die andere viel häufiger sind, als derartig scharf abgesetzte.

Die Angabe von v. NATHUSIUS-KÖNIGSBORN, dass der Schalenrand eine Verdickung besitze, die dann beim Wachsthum der Schale kontinuirlich fortrücken soll, kann ich nicht bestätigen, finde vielmehr auf den Querschliffen zweier junger Mytilusschalen von 20—24 mm Länge, von denen sich ziemlich bestimmt sagen ließ, dass sie noch nicht ausgewachsen seien, ein gleichmäßiges Abnehmen der Schalendicke am Rande ohne irgend welche Wulstbildung. Es scheint demnach, dass die von v. NATHUSIUS-KÖNIGSBORN untersuchten Schalen doch wesentlich bereits ausgewachsen waren; denn dass in diesem Falle wie bei den meisten Bivalven eine Verdickung des Randes stattfindet als natürliche Folge der eigenthümlichen Bildung dieses Schalentheils, das hat schon CARPENTER in ganz korrekter Weise dargethan [2].

In der blauen Substanz von Mytilus finden sich auch vereinzelte meist längliche Hohlräume, die aber nach meinen Beobachtungen viel zu sporadisch und unregelmäßig auftreten, um als charakteristische Eigenthümlichkeiten des Konchiolingerüstes angesehen zu werden, wie v. NATHUSIUS-KÖNIGSBORN anzunehmen scheint [3]. Ich bezweifle allerdings, dass die Hohlräume, von denen ich hier spreche, mit denen des genannten Autors identisch sind. Ich halte dieselben nicht für Kanäle, d. h. für selbständige Bildungen, sondern nur für etwas Negatives, Zerklüftungen, die nachträglich mit zunehmender Festigkeit und Kompaktheit der Schalensubstanz entstanden sind, und die sich in ihrer (meist länglichen) Form natürlich dem Charakter der Schalensubstanz

---

[1] cf. TULLBERG, l. c. Taf. IV, Fig. 1 und v. NATHUSIUS-KÖNIGSBORN, l. c. Fig. 44 und 45.

[2] l. c. 1847. p. 97.   [3] l. c. p. 64.

angepasst haben, der sie angehören. Die eigenthümlichen Höhlung-
und Kanalbildungen im Konchiolingerüst der Najadenprismen machen
einen ganz anderen Eindruck; ihr Vorhandensein kann nicht bezweifelt
werden; sie wurden schon von Möbius (34) beobachtet[1], und ihre Natur
ist später durch v. Nathusius-Königsborn näher festgestellt worden[2].

Die innere oder sogenannte weiße Substanz von
Mytilus, welche bei allen Schalen die blaue Schicht bis auf eine
schmale Randzone von innen her überdeckt, und welche bei älteren
Schalen die Hauptmasse derselben ausmacht, zeigt alle charakteristischen Eigenthümlichkeiten der Perlmuttersubstanz, wie sich dieselbe
vor Allem bei Meleagrina aber auch bei Pinna und allen unseren Najaden findet. Die Ansicht, welche diese Substanz auf Schliffen parallel
der Schalenoberfläche zeigt, ist so oft beschrieben und abgebildet worden[3], dass es hier nur einer kurzen Erinnerung bedarf. Man erblickt
eine große Zahl von Zickzacklinien, die mehr oder weniger parallel neben
einander herlaufen, oder auch, obwohl seltener, in geschlossenen Kur-
ven auftreten. In einigen Fällen, und regelmäßig bei Anwendung von
Ätzmitteln oder auf ganz entkalkten Schliffen bemerkt man, dass die
ganze Schlifffläche außerdem eine polygonale Felderung zeigt, wobei
die Grenzen der Polygone allemal mit den Zickzacklinien zusammen-
fallen.

Mit dieser Flächenansicht ist das Profil der Perlmutter nicht ganz
leicht in Einklang zu bringen. Man bemerkt hier regelmäßig als Ausdruck einer lamellären Schichtung Systeme von äußerst zahlreichen fast
ganz gerade und parallel mit einander verlaufenden Linien, die bei
ihren geringen Abständen von einander oft eine solche Feinheit zeigen,
dass sie jeder Wiedergabe durch die Zeichnung zu spotten scheinen.
An vielen Stellen kann man diese parallelen Linien auf weite Strecken
ohne Unterbrechung verfolgen, anderswo zeigen sich aber auch senkrechte Querwände in den einzelnen Lamellen, die dem Ganzen dann
ein auffallend backsteinähnliches Aussehen verleihen. Dieses letzter-
wähnte Strukturverhältnis steht im engsten Zusammenhang mit einer
durchgehenden prismatischen Gliederung, die nicht immer gleich deutlich hervortritt, zuweilen aber so auffallend ist, dass sie die lamelläre
Anordnung in den Hintergrund drängt. Die hier auftretenden Prismen
sind indessen denen der äußeren Substanz sehr unähnlich. Sie verlaufen weniger gerade, sondern erscheinen wellig und durch einander
gebogen, so dass das Ganze oft den Eindruck eines Geflechtes macht.

---

[1] l. c. p. 72. Fig. 7.   [2] l. c. p. 85, 86. Fig. 58.
[3] cf. Rose, l. c. Fig. 5—8.

Auch stehen diese Prismen nicht immer lothrecht zur Ebene der Lamellen, sondern häufig etwas geneigt.

Es bleibt noch übrig, die beschriebenen so verschiedenen beiden Flächenansichten zu einer richtigen körperlichen Vorstellung von den Strukturverhältnissen der Perlmutter zu kombiniren. Das wird vielleicht am besten gelingen, wenn wir die Genese dieser Schalentheile, so weit sie überhaupt eruirt worden ist, ins Auge fassen.

Wenn man eine genügend junge und durchsichtige ganz frische Schale von innen betrachtet, so bemerkt man mit dem Mikroskop auf der Oberfläche höchst eigenthümlich begrenzte Schalentheile, die zwischen und in ihrer Substanz entsprechend begrenzte Räume frei lassen und also keine kontinuirliche Schicht bilden[1]. Fig. 4 soll ein möglichst getreues Bild von diesem Verhalten geben. Es ist klar, dass diese Gebilde dadurch entstehen, dass — vielleicht abwechselnd — immer nur einzelne Bezirke der secernirenden Epithelzellen in Funktion sind. Ich fand diese Ansicht in gewisser Weise bestätigt, da es gelang, bei Anodonta das Epithel noch im Zusammenhang mit diesen seltsamen Bildungen darzustellen. Beim Fortgang des Absonderungsprocesses werden dann auch die anfänglich frei gebliebenen Stellen mit Sekretionsmasse angefüllt. Dadurch ist dann aber gleich von vorn herein der Grund zur Septirung jeder einzelnen Lamelle gegeben, und man versteht, wesshalb dieselben mit Leichtigkeit stets jene Zickzackbegrenzung annehmen beim Schleifen eben sowohl wie beim einfachen Zerbrechen. In der oben beschriebenen Flächenansicht sehen wir also in den zahlreichen Zickzacklinien die Begrenzungen von eben so vielen einzelnen Schalenlamellen. Diese Linien sind aber eigentlich nur hervorgerufen durch die im Verhältnis zur Dünne der Schichten unvollkommene Schleifmethode, wodurch die Ränder alle herausgebrochen werden. Dass dem so ist, wird durch Abdrücke bestätigt, die man von solchen Schliffen auf Siegellack etc. machen kann[2], und die dann in vieler Beziehung die gleichen optischen Eigenthümlichkeiten zeigen wie die Perlmutter selbst. Die Zickzacklinien sind also nicht, wie meist angegeben wird[3], ein Ausdruck der welligen Biegungen der Lamellen; denn die Lamellen sind gar nicht gebogen, wie der Querschnitt zeigt, sondern verlaufen fast ganz eben in einer Furche.

Die auf Querschnitten hervortretende prismatische Gliederung der Perlmuttersubstanz, welche auf Flächenansichten in der polygonalen

---

[1] Vgl. Leydig's Beobachtung an Solen siliqua, Histologie p. 109.
[2] cf. Brewster, l. c. p. 406 und Möbius, l. c. p. 67.
[3] cf. z. B. v. Nathusius-Königsborn, l. c. p. 65.

Felderung Ausdruck findet, zeigt, dass die Septirung benachbarter Schichten einander entspricht, und dass im Zusammenhang damit die Septa bildenden Konchiolinmembranen später eine geringere Kohärenz in der Richtung der Lamellen als in einer darauf senkrechten zeigen. Dagegen ist in den Theilen, wo das Backsteingefüge zu Tage tritt, ein solch enger Zusammenhang zwischen den benachbarten Schichten weniger vertreten. Es zeigt vielmehr jede einzelne Lamelle oder je ein paar zusammen eine von den Nachbarschichten abweichende.Gliederung. Die kurzen Querwände des Backsteingefüges sind nichts Anderes als häufig aus der Ebene des Schliffes heraustretende Zacken der Lamellen, welche von der Fläche gesehen jene eigenthümlichen Zickzacklinien repräsentiren.

Die senkrechten Kanäle, die von früheren Autoren in der Perlmuttersubstanz gesehen und abgebildet[1] worden sind, habe ich mir niemals zur Ansicht bringen können. Die von TULLBERG abgebildeten senkrechten Streifen halte ich nicht für Kanäle, sondern für feine Konchiolinmembranen, die die schon erwähnte prismatische Gliederung hervorrufen. Übrigens fand ich sie nie so gerade und einander parallel verlaufend, wie sie hier abgebildet. Auf Flächenschliffen, wo sie doch besonders hervortreten müssten, konnte ich ihre Lumina nie sehen. v. NATHUSIUS-KÖNIGSBORN vermuthet sie eigentlich nur und hat sie bloß auf Flächenschliffen nahe dem Schlossbandwall gesehen, d. h. wahrscheinlich in Theilen, die schon zu diesem zu rechnen sind. Dagegen habe ich eben so wie in der blauen Substanz häufig Spalten gefunden, die auch hier auf die Natur des eingelagerten kohlensauren Kalkes zurückzuführen sind, da sie einestheils parallel den Lamellen laufen, anderentheils der prismatischen Septirung folgen und dann weniger senkrecht als geneigt zu der ersten Spaltungsrichtung stehen. Diese ganz richtig als treppenartig bezeichneten Spalten sah schon BOURNON auf Schalenbruchstücken; ROSE[2] hielt sie ziemlich unmotivirter Weise für zufällige Dinge. Man kann freilich die Spalten auch für Artefakte erklären, welche durch die Schleifmanipulationen entstanden wären. An der Sache selbst würde das aber offenbar wenig ändern, die Spalten beweisen nur, dass der Kalk in der Schale krystallinisch ist, und dass derselbe als solcher trotz der mit ihm verbundenen organischen Substanz eine gewisse Selbständigkeit bewahrt. Ist das aber einmal festgestellt, so ist auch gar nicht abzusehen, wesshalb solche Spalten nicht schon in der Schale entstehen sollten, wenn dieselbe noch mit dem

[1] cf. TULLBERG, l. c. Taf. VI, Fig. 2.
[2] cf. ROSE, l. c. p. 65.

Thiere verbunden ist, seien sie nun durch Erschütterungen oder sonst welche Ursachen hervorgerufen. Es bleibt noch übrig hier zweier interessanter Modifikationen der weißen Substanz Erwähnung zu thun. Die eine wird als »durch- sichtige Substanz« bezeichnet und findet sich regelmäßig an den Ansatzstellen der Muskel an die Schale. Im natürlichen Zusammenhang damit steht ihre Ausdehnung und Begrenzung in der Schale. Sie er- scheint nämlich »gangartig« in die Perlmuttersubstanz »eingesprengt« und die Richtung der Schalenlamellen schräg durchsetzend, indem sie dabei den Verlauf angiebt, welchen die Muskeln beim Wachsthum des Thieres genommen haben. Die große Helligkeit dieser Substanz macht es sehr schwierig, in ihr feinere Strukturverhältnisse zu unterscheiden. Der Aufbau aus dünnen Lamellen und eine noch ausgesprochenere Gliederung in kurze Säulen ist mit Leichtigkeit zu unterscheiden. Viel schwieriger sind die senkrecht durch die Substanz verlaufenden Kanäle zu erkennen, obwohl ihr wenn auch sparsames Vorkommen nicht be- zweifelt werden kann. Während diese »Porenkanäle« bei Mytilus noch mit ausreichender Deutlichkeit zu erkennen waren, habe ich in der durchsichtigen Substanz von Unio und Margaritana kaum Andeutungen derselben gefunden, obwohl mir von beiden recht gute und tadellose Dünnschliffe vorlagen. Statt dessen konnte ich feststellen, dass die prismatische Gliederung hier meist durch eingelagerte kegel- oder cylinderförmige Kalkkonkremente bedingt ist, denen ähnlich — wenn auch viel kleiner —, welche ich später auch in der inneren Substanz vieler anderer Lamellibranchier fand und von Mya und Corbula in den Fig. 12 und 13 abgebildet habe. Nachträglich konnte ich dann auch für Mytilus das Vorkommen dieser Einlagerungen konstatiren, die man wahrscheinlich als sekundäre Ausfüllungen ursprünglich vorhandener Hohlräume anzusehen hat, und die als solche den Kanalbildungen der- selben Substanz äquivalent sein würden. Auch finden sich zwischen den Kanälen und diesen Einlagerungen der Form nach viele Übergänge.

Als zweite Modifikation der weißen Substanz von Mytilus betrachte ich die sog. Schalenbandwälle, jene beiden längs des Schloss- bandes hinziehenden weißen mit Grübchen versehenen Streifen, deren interessante Struktur durch v. Nathusius-Königsdorn[1] zuerst beschrieben und seitdem durch zahlreiche Abbildungen erläutert wurde[2]. Die »Schalenbandwallsubstanz« zeigt eine lamelläre Anordnung, aber her- vortretender ist auch hier das prismatische Gefüge. Die Prismen er- scheinen aus wellig gebogenen feinen Fasern zusammengesetzt, sind

---

[1] cf. l. c. p. 67. Fig. 40—47.
[2] cf. Tullberg, Taf. II, Fig. 3; IV, Fig. 1 und 2; VI, Fig. 4.

selten gerade in ihrem Verlauf, sondern hin und her gekrümmt. Hier
ist die prismatische Gliederung wesentlich durch ein System von zahlreichen Kanälen bedingt, die aber wegen der Enge des Lumens und
dadurch bedingten Dunkelheit auf Querschliffen schwerlich als solche zu
erkennen sind. Dagegen präsentirt sich auf Schliffen parallel zur
Schalenoberfläche das Lumen der Kanäle mit größter Deutlichkeit. Ich
werde später nochmals auf diese Substanz zurückkommen; denn wenn
sie auch anderswo niemals in gleicher Größe und Ausdehnung wie bei
Mytilus vorkommt, so irrt v. Nathusius-Königsborn doch, wenn er ihr
Vorkommen auf diese Species beschränkt glaubt.

Cyprina islandica L.

Die Epicuticula von Cyprina zeigt in ihrem Bau in vielen Punkten
völlige Übereinstimmung mit der von Mytilus. Sie besitzt etwa die
gleiche Farbe, Zähigkeit und Dicke und zeigt im Innern ebenfalls eine
Menge von Höhlungen, die wie bei Mytilus·auf eine ganz bestimmte
Zone beschränkt sind. Die Form der Höhlungen, die man an leidlich
dünnen Theilen leicht von der Fläche sehen kann, ist viel unregelmäßiger
als bei Mytilus, und den Anblick einer gleichmäßigen polygonalen Felderung, wie er von Mytilus beschrieben wurde, vermisst man hier ganz.
Der auffallendste Unterschied jedoch, der die beiden in Rede stehenden
Schalen in ihrem ganzen Habitus weit von einander entfernt, liegt in
der äußeren Begrenzung der Epicuticula. Während dieselben bei Mytilus eine ganz glatte Decke auf der Schale bildet, kommt es bei Cyprina
in Folge eines übermäßigen Längenwachsthums der Epicuticula am
Rande der Schale zu massenhaften Faltenbildungen, welche später die
ganze Oberfläche der Schale riefig oder rillig erscheinen lassen. Dabei
verleihen die lappigen Anhängsel, weil sie genau der Richtung der Anwachsstreifen folgen, der Oberfläche der Schale doch noch ein ziemlich
regelmäßiges Aussehen. Über den Bau und die Entstehung der lappigen
Anhänge giebt ein Querschnitt durch diese Theile sofort Aufschluss
(Fig. 19). Man sieht, dass es nur Ausstülpungen der Epicuticula sind,
die sogar oft noch Höhlungen in ihrem Innern einschließen, wenn die
an einander gelegten Wandungen nicht völlig mit einander verklebt
sind. Die Verzweigung dieser Anhänge lässt sich zuweilen außerordentlich weit verfolgen. Die Epicuticula zeigt auch bei anderen Arten ganz
das gleiche Verhalten, aber nur selten in so ausgeprägtem Maße. Bei
Corbula gibba sind die Anhänge noch zahlreicher und länger, aber
wegen der geringen Dicke der Epicuticula weniger auffallend.

Die eigentlichen Kalktheile der Schale zeigen nur wenig Beziehungen zu den von Mytilus beschriebenen Verhältnissen. Man kann

auch hier mit vollkommener Deutlichkeit eine äußere und eine innere
Schicht unterscheiden, die im Bau sehr wesentlich von einander abweichen (Fig. 19). Die äußere Schicht besitzt etwa ganz die gleiche
Ausdehnung wie bei Mytilus und besteht aus zahlreichen ziemlich
regellos bei einander liegenden mikroskopisch kleinen Kalkblättchen
oder -Körnchen. Diese zeigen aber keine Spur einer Anordnung zu
Säulen, Prismen oder ähnlichen Gebilden, und sie sind es, die den betreffenden Theilen der Schale ihren vollkommen kreidigen Charakter
verleihen. Man erkennt in dieser dichten Masse von körnigem Kalk bloß
Spuren einer lamellären Gliederung, die auf die Entstehung und das
Wachsthum der Schale hindeuten. Merkwürdig ist, dass die Linien,
welche die lamelläre Schichtung andeuten, an ihren Enden nicht mehr
der Schalenoberfläche parallel laufen, sondern gegen diese und in
gleicher Weise gegen die Lamellen der inneren Substanz um einen be-
trächtlichen Winkel geneigt oder vielmehr aufgerichtet erscheinen. Auf
einem Schliff, der möglichst parallel der Schalenoberfläche durch die
äußere Substanz geführt wurde, erscheinen die dichten Kalkmassen
ebenfalls ohne ausgeprägte Struktur. Man vermisst aber hier jegliche
Gliederung, da die Begrenzung der Lamellen natürlich hier nicht er-
kennbar ist.

Eine wesentlich viel vollkommenere Gliederung wird in der inneren
Schalensubstanz angetroffen. Diese ist in ihrem Bau eben so eigenartig
wie die äußere Substanz und scheint dieselbe an Menge von eingelager-
ter organischer Substanz ein wenig zu übertreffen. Dass aber doch
beide Schalentheile beim Entkalken dünner Querschliffe jede Spur ihrer
ohnehin wenig deutlichen Struktur einbüßen, habe ich zu meinem
eigenen Schaden erfahren müssen. Die zurückbleibenden äußerst feinen
Membranen erscheinen völlig homogen und strukturlos. Der wesent-
lichste Charakter der inneren Substanz besteht auch in einer lamellären
Anordnung der Theile, die sich hier wie bei Mytilus bis zu einer enor-
men Feinheit verfolgen lässt. Die Lamellen sind an vielen Stellen scharf
von einander abgesetzt, besonders dadurch, dass die Helligkeit der
Schichten in allen Nuancen von der vollkommensten Dunkelheit bis zur
klarsten Durchsichtigkeit wechselt (Fig. 19). Wodurch diese Licht-
effekte bedingt sind, ist nicht ganz klar. Zuweilen scheint eine dunkle
Pigmentirung vorhanden zu sein; in vielen Schichten rührt aber die
Dunkelheit zweifelsohne von dem Reichthum an Kanälen her, die die
Lamellen etwa senkrecht durchsetzen. Diese Kanäle sind in sehr
wechselnder Weise in der Schale vertheilt; sie verleihen einzelnen
Schichten, in denen sie nicht sehr dicht stehen, eine — allerdings wenig
hervortretende — prismatische Gliederung. In anderen Schichten, so

besonders auch in der Nähe des Schlosses, treten sie, wie erwähnt, in ungeheuren Massen auf. Auf Schliffen parallel der Schalenoberfläche sind sie an ihrem deutlich hervortretenden nicht unbedeutenden Lumen auch sofort zu erkennen. Fig. 18 zeigt die ziemlich genau längs getroffenen Kanäle in einem Schalenquerschliff von der Nähe des Schlosses. Man darf diese Gebilde vielleicht als Porenkanäle ansprechen, obwohl ihre physiologischen Beziehungen eben so wenig wie ihre Genese bekannt sind, und obwohl die Größe des Lumens, die Unregelmäßigkeit der Wandungen und ihre zahlreichen Verzweigungen ihnen einen ganz eigenartigen Charakter verleihen. Dass diese Kanäle sich kontinuirlich durch mehrere Schichten fortsetzen, lässt sich nur sehr selten konstatiren; an anderen Stellen ist es aber wiederum ganz klar, dass davon keine Rede sein kann. Ihr Verlauf ist nur selten ganz gerade; meist sind sie stark gekrümmt, wo dann auf Schalenquerschliffen jene mannigfaltigen Formen zum Vorschein kommen, wie sie in Fig. 18 wiedergegeben sind. Auch das Schalenband, das im Allgemeinen ganz die gleiche Form und Beschaffenheit zeigt wie bei Mytilus, ist von zahlreichen solchen Kanälen oder Hohlräumen durchsetzt.

Cyprina besitzt eben so wie Mytilus auf der Grenze zwischen Schlossband und Schalensubstanz jenen eigenthümlichen Theil, der als Schalenbandwall bezeichnet worden ist. Derselbe hat hier nur geringe Dimensionen, ist aber desshalb interessant, weil er der einzige Theil der Schale ist, der eine deutlich prismatische oder richtiger 'nadelige Struktur besitzt, die entfernt an die Kalknadeln der Mytilusschale erinnert. Bei aller Eigenart dieses Schalentheiles sieht man doch gerade hier bei Cyprina recht deutlich, dass er nichts als eine Modifikation der übrigen Schalensubstanz ist. Die lamelläre Schichtung der benachbarten inneren Substanz setzt sich ganz ungestört in die Schalenbandwallsubstanz fort, die nur durch eine hinzutretende ziemlich deutliche senkrechte Gliederung ihr eigenartiges Aussehen erhält. Diese senkrechte Gliederung ist in hohem Grade durch die auch hier vorhandenen Kanäle bedingt, aber auch die nadelige Form des eingelagerten Kalkes trägt ihr Theil dazu bei.

Astarte borealis Chemn.

Diese Muschel zeigt in ihrem Schalenbau eine außerordentlich weitgehende Ähnlichkeit mit Cyprina. Die Epicuticula tritt z. B. in ganz ähnlicher Form auf unter Bildung zahlreicher Falten und Anhänge; sie besitzt dieselbe gelbe Färbung, ist aber bei Weitem nicht so dick wie bei Cyprina und entbehrt im Zusammenhang damit auch der Höhlungen. — Eine äußere und eine innere Schalensubstanz lässt sich auch

hier mit Bestimmtheit von einander trennen. Der Unterschied liegt jedoch wesentlich nur in einer geringfügigen Verschiedenheit der Färbung,
während sie in ihrem Bau eine so weitgehende Konformität zeigen, wie
ich sie sonst niemals gefunden habe. Die äußere Substanz bildet wie
gewöhnlich die ganze Oberfläche der Schale; sie ist in der Nähe des
Umbo nur in sehr dünner Schicht vorhanden, aber an der Bildung des
Schalenrandes bis zu einer ziemlichen Breite ausschließlich betheiligt.
Dem entsprechend erreicht die innere Substanz in der Nähe des Schlosses
ihre größte Ausdehnung. — Beide Schalentheile zeigen eine auffallende
und sehr weit verfolgbare lamelläre Struktur, wobei die Lamellen auch
wieder in den verschiedensten Abstufungen abwechselnd hell und
dunkel sind. In der Nähe der Schalenoberfläche sind die Lamellen der
äußeren Substanz ähnlich aber noch stärker aufgerichtet wie bei Cyprina.
Alle Theile der Schale sind von zahlreichen Kanälen durchsetzt, welche
in Form und Größe den bei Cyprina beschriebenen gleichen. Eine hier
und da in die Augen fallende prismatische Gliederung ist in der äußeren Substanz ausschließlich auf die Anwesenheit dieser Kanäle zurückzuführen. In der inneren Substanz ist der Reichthum an Kanälen noch
größer und wächst wie bei Cyprina zuweilen derart, dass einzelne
Schichten dadurch ganz dunkel erscheinen.

Ein Schalenbandwall ist bei Astarte wenig unterschieden, und
jedenfalls steht der etwa so zu nennende Schalentheil rücksichtlich
seiner Struktur in engster Beziehung zu den benachbarten Theilen. —
Es ist bemerkenswerth, dass die wulstartigen Verdickungen der Schale
in der unmittelbaren Nähe des Schlosses, welche wie gewöhnlich von
der inneren Substanz gebildet werden, hier wie auch in vielen anderen
Fällen eine eigenartige Struktur besitzen. Es tritt hier erst spurenweise,
dann ganz allmählich deutlicher werdend eine prismatische Gliederung
hervor, die nicht bloß durch die Anwesenheit von Kanälen bedingt ist,
sondern als genuine Bildung lebhaft an später näher zu beschreibende
Verhältnisse bei Tellina, Cardium u. a. erinnert. Es unterliegt keinem
Zweifel, dass dieses Bild, welches wie ein Schatten der in Fig. 7 wieder-
gegebenen Strukturverhältnisse erscheint, auf die gleichen Ursachen wie
diese zurückzuführen ist.

Cardium, Scrobicularia, Tellina.

Die Schalen von Cardium, Scrobicularia und Tellina zeigen einen
im Wesentlichen ganz übereinstimmenden Bau, der von Mytilus in hohem
Grade abweicht. Die Differenzen zwischen diesen drei Gattungen sind
kaum größer als sie auch zwischen verschiedenen Species ein und derselben Gattung angetroffen werden, z. B. zwischen Cardium edule L.

und C. fasciatum Mont., oder zwischen Scrobicularia piperata Gmel. und S. alba Wood. Die Epicuticula aller in diese Gruppe gestellten Formen zeigt ungefähr den gleichen Bau. Sie besteht aus einem feinen für eine mittlere Vergrößerung strukturlosen Häutchen, das auch hier seine Entstehung dem Mantelrande verdankt. Es liegt im Gegensatz zu dem Verhalten bei Mytilus der Schale nicht ganz glatt auf, sondern bildet wie bei Cyprina häufige Falten und Anhänge.

In der eigentlichen Schalensubstanz kann man ziemlich regelmäßig zwei Schichten unterscheiden, die auch hier als innere und äußere bezeichnet werden sollen, da die Benennungen prismatische Schicht und lamelläre oder häutige Schicht hier eben so wenig zutreffen wie bei den schon betrachteten Formen.

Die organische Substanz der Schale tritt hier gegen den eingelagerten Kalk eben so sehr zurück wie bei Cyprina. Auch Cardiumschliffe hinterlassen beim Entkalken nur ein feines membranöses Häutchen, welches keine Spur mehr von den ursprünglichen Strukturverhältnissen der Schale erkennen lässt.

In der äußeren Schicht treffen wir eine Reihe von Strukturverhältnissen, die die engsten Beziehungen zu dem Bau der Gastropodenschale zeigen. Es ist von um so größerem Interesse diese höchst auffallende Thatsache zu konstatiren, als bisher rücksichtlich des Schalenbaues immer eine große Kluft zwischen Lamellibranchiern und Gastropoden angenommen worden ist. Die Überzeugung, dass die Übereinstimmung im Bau eine sehr weitgehende ist, habe ich durch Vergleichung meiner Schliffe mit solchen von Strombus (gigas Lam.), Mitra (cucumerina), Cerithium (atrata) und Rizinula (sp.) gewonnen, die mir alle in tadellosen Präparaten aus der Sammlung des hiesigen zoologischen Institutes zur Verfügung standen. Dabei zeigt sich, dass die äußere Schicht unserer Muscheln einer der drei unter sich gleichen Schichten der Gastropodenschale entspricht oder vielmehr derselben so vollkommen gleicht, dass es nur schwer gelingen würde, dieselben auf Querschliffen mit Sicherheit zu unterscheiden.

Nach den Untersuchungen von Bournon, Bowerbank und besonders Rose, die alle diesem Gegenstande eine eingehendere Aufmerksamkeit gewidmet haben, ist der Bau der Gastropodenschale ein ziemlich gleichförmiger und nur geringen Abweichungen unterworfen. — Man findet im Allgemeinen drei Schalenschichten, die aus gleichen aber verschieden angeordneten Elementen zusammengesetzt sind. Jede Schicht besteht aus dünnen über einander liegenden Blättern, die in der

ersten und dritten Schicht die gleiche Richtung, in der zweiten da-
zwischen liegenden eine zur ersten und dritten Schicht senkrechte oder
nahezu senkrechte Richtung besitzen. Jedes dieser Blätter besteht
wieder aus zahlreichen Prismen von faseriger Struktur, welche mit
ihren langen Seiten an einander gereiht sind und in je zwei auf einander folgenden Blättern eine entgegengesetzte, d. h. auf einander ungefähr senkrechte Richtung haben [1].

Werden die Schichten in der Richtung der Hauptflächen der sie
aufbauenden Blätter durchschnitten, so erhält man auf dem Schliffe
Systeme von sich kreuzenden Linien, weil die Blätter sehr dünn und
durchsichtig sind, und weil, wie gesagt, die Richtung der Fasern in
zwei benachbarten Blättern eine entgegengesetzte ist.

Ganz anders ist das Bild eines Schliffes, der eine der Schichten.
senkrecht gegen die Fläche der Blätter und parallel der Längsrichtung
der Fasern je zweier abwechselnder Schichten durchschneidet. Man
sieht dann in den Blättern 1, 3, 5, 7 .... die Prismen, respektive ihre
Fasern längs getroffen, in den Blättern 2, 4, 6, 8 .... aber quer geschnitten. Derartige Ansichten sind oft abgebildet worden [2] und stim-
men in hohem Grade mit dem von mir in Fig. 7 gegebenen Bilde über-
ein. Dasselbe stellt einen Querschliff von Cardium edule dar, der
senkrecht auf die Anwachsstreifen in der Richtung vom Schloss nach
dem Bauchrande hin geführt wurde. In seltenen Fällen entspricht das
sich hier darstellende Bild dem von Rose gegebenen Schema auch nur
annähernd. Man sieht meist ein System von schief längs getroffenen
fein faserig gebauten Blättern, welches zwischen sich Raum lässt für
ein zweites eben solches System, dessen Fasern aber schief quer getroffen sind. Meist zeigen aber auch die Blätter sehr große Unregelmäßigkeiten; sie verlaufen nicht gerade, treten vielfach aus der Schlifffläche heraus oder erscheinen als mannigfach hin und her gebogene mit
Fortsätzen und Verzweigungen versehene Gebilde. Dies Verhältnis tritt
noch auffälliger hervor, wenn der Querschliff etwas schief oder fast der
Schalenoberfläche parallel geführt wird. Man erhält dann jene höchst
wunderbaren Zeichnungen, die in Fig. 6 von Scrobicularia piperata abgebildet sind. Diese eigenthümlichen Figuren, die auf Flächenansichten
dünner Schalen in ganz gleicher wenig regelmäßigerer Form auftreten,
sind es, die bei schwächerer Vergrößerung auf Carpenter den Eindruck
von spindelförmigen Zellen (fusiform cells) gemacht haben, und die er
in verschiedener Ausbildung bei sehr vielen Arten findet und mehrmals

[1] cf. Rose, l. c. Taf. III, Fig. 1.
[2] cf. Rose, l. c. Taf. III, Fig. 3 ; Taf. II, Fig. 9 (Schema). — v. Nathusius-Königsborn, l. c. Fig. 22 A. — Tullberg, l. c. Taf. XII, Fig. 1.

abbildet[1]. — Man sieht schon aus einem Vergleich der Fig. 6 und 7, dass die Oberfläche der Schale (6) entfernt etwa dasselbe Bild zeigt, wie ein Querschliff senkrecht gegen die Anwachsstreifen (7).

Ein ganz anderes Bild erhält man aber auf einer dritten Schliffrichtung, die auf den b e i d e n genannten senkrecht steht und dabei ungefähr parallel zu den bogigen Anwachsstreifen der Schalenoberfläche verläuft. Es ist natürlich bei dem bogigen Verlauf der Anwachsstreifen nicht möglich, bei Anfertigung eines Schliffes deren Richtung inne zu halten, und man muss sich damit begnügen, in seinen Schliffen Tangenten an diese Anwachsbogen zu erhalten. Solche Schliffe zeigen dann aber an der Stelle, wo sie die Anwachsstreifen tangiren, die Blätter der Schale von der Fläche. Auf Schliffen also, die z. B. gerade von vorn nach hinten quer über die Rundung der Schale hin verlaufen, erhält man etwa in der Mitte des Präparates das zu erwartende Bild von zwei Systemen sich kreuzender Linien. Dieses Bild ist in Fig. 9 nach einem sehr kleinen Schalenbruchstück von Cardium edule wiedergegeben. Die Cardiumschale bricht verhältnismäßig leicht in der Richtung der Anwachsstreifen, nämlich längs den sie aufbauenden Blättern, welche auf der Schalenoberfläche senkrecht stehen. Die Figur stellt einige dieser äußerst feinen über einander liegenden Blätter dar. Die Fasern je zweier benachbarter Blätter verlaufen allemal in entgegengesetzter Richtung, also präsentiren sie sich bei der Durchsichtigkeit der Blätter in gekreuzten Strichsystemen.

Kombinirt man nun die drei eben beschriebenen Flächenbilder zu einer Vorstellung von den körperlichen Verhältnissen der in Rede stebenden Schalentheile, so kommt man nothwendigerweise zu folgendem Resultat.

Die äußere Schicht der Schale von Cardium und den ähnlichen oben angeführten Species besteht aus zahlreichen dünnen Blättern, die mit der Fläche auf einander liegend senkrecht auf der Schalenoberfläche stehen und dabei im Allgemeinen der Richtung der Anwachsstreifen folgen. Alle diese Blätter sind aus parallel verlaufenden Fasern aufgebaut, welche in den abwechselnden Schichten immer die gleiche Richtung haben, so zwar, dass die Faserrichtung der Schichten 1, 3, 5, 7 etwa einen rechten Winkel bildet mit der Faserrichtung der Schichten 2, 4, 6, 8, während beide Fasersysteme gegen die Schalenoberfläche gleich geneigt sind, etwa um einen Winkel von 45°. Die Blätter dieser Muschelschalen sind aber viel unregelmäßiger als bei den Gastropoden, niemals glatt in einer Fläche ausgebreitet, sondern vielfach wellig ge-

[1] cf. l. c. 1847. Fig. 16 und 17 von Tellina so wie Fig. 29 von Mya arenaria; dazu p. 102 ff.

bogen und besitzen verschieden gestaltete Verzweigungen. Diese bilden an vielen Stellen Kommunikationen zwischen den abwechselnden Blättern mit gleicher Faserrichtung.

Auf Querschliffen parallel den Anwachsstreifen sieht man nun die Blätter der Schale von der Fläche (Fig. 9); auf Schliffen parallel der Schalenoberfläche sieht man die Kanten der Blätter resp. ihre Querschnitte von der längeren Seitenfläche (Fig. 6); auf Querschliffen senkrecht gegen die Anwachsstreifen sieht man ebenfalls Querschnitte der Blätter aber von der kürzeren Seitenfläche (Fig. 7).

Es erleidet keinen Zweifel, dass alle Schalen, welche diese vielleicht am besten als »Gastropoden-Schalenstruktur« zu bezeichnenden Bauverhältnisse aufweisen, durch die weitgehende Durchdringung der beiden in einander verankerten Blättersysteme eine außerordentliche Festigkeit und erhöhte Widerstandsfähigkeit erhalten.

Das charakteristische optische Verhalten von Querschliffen durch die beschriebene äußere Substanz giebt eine volle Bestätigung resp. weitere Erklärung der angenommenen Strukturverhältnisse. Bei auffallendem Licht erscheint jedes der beiden Blättersysteme der Fig. 7 abwechselnd hell und dunkel, je nachdem man die Richtung der Lichtstrahlen so ändert, dass sie bald den Fasern des einen bald denen des anderen Blättersystems parallel einfallen. Auch das Verhalten im polarisirten Licht spricht dafür, dass die Kalktheilchen in den benachbarten Blättern allemal verschieden gelagert sind. In jedem Falle bezeichnet die Richtung der Fasern auch die Lage der optischen Achse. Auf Querschliffen, in denen die Fasern ziemlich genau längs getroffen sind, kann man beobachten, dass beim Drehen des polarisirenden Nikols die Auslöschung immer genau parallel der Längsachse der Fasern erfolgt (eben so wie bei den Kalknadeln von Mytilus).

In Wirklichkeit sind nun die beiden Blättersysteme selten völlig im Gleichgewicht, und bei allen, besonders bei Cardium edule tritt es deutlich hervor, dass eigentlich nur das eine als positives vorhanden ist, während das andere mehr nur eine negative Füllmasse oder Grundsubstanz bildet. Letztere zerklüftet besonders beim Schleifen leicht in der Richtung ihrer Fasern in prismatische Stücke, wie man das sowohl auf Schliffen parallel der Oberfläche als auch auf solchen senkrecht gegen die Anwachsstreifen (Fig. 7) häufig in scharfen Spaltungslinien angedeutet findet (dieselben treten noch häufiger und regelmäßiger in Querschliffen der Gastropodenschale hervor). Solche Spaltungen zeigen sich in dem als positiv bezeichneten Blättersystem nicht; dieses erscheint vielmehr in Schliffen, die der Fig. 7 entsprechen, immer in Form von langen zum Theil verzweigten Blättern oder Säulen, deren Faserrichtung

in sehr wechselnder Weise manchmal mehr längs, manchmal mehr quer
getroffen ist, und die eingebettet erscheinen in einer Grundsubstanz,
welche durch die erwähnten häufigen Spalten, die meist in der Richtung
der Anwachslinien verlaufen, einen hervorragend lamellären Charakter
zu erhalten scheint.

Eine wirkliche lamelläre Gliederung parallel der Oberfläche, wie
sie z. B. die Perlmutter zeigt, tritt aber in den in Rede stehenden
Schalentheilen der Natur der Sache nach wenig hervor, obwohl sie niemals fehlt. In den meisten Fällen ist die Kohärenz der Schalentheile in
der Richtung der sie aufbauenden Blätter eine größere als in der Richtung der horizontalen Lamellen. Trotzdem lässt sich die auf die Genese
der Schale hindeutende Gliederung in Lamellen, wie sie in Fig. 7 wiedergegeben ist, stets verfolgen und oft sogar bis in ein sehr feines Detail.
Aber die parallele Streifung, in der sich diese Lamellen präsentiren, ist,
abgesehen von den mit ihr koincidirenden Spalten des einen Blättersystems, gar nicht im Zusammenhang mit den beschriebenen allgemeinen
Strukturverhältnissen der Schale und scheint besonders bei Cardium
das Hauptblättersystem so zu sagen rücksichtslos zu durchsetzen (Ähnliches findet sich bei den Gastropoden). Bei Scrobicularia und Tellina
tritt, wie wir noch sehen werden, die lamelläre Gliederung schon bedeutend mehr in den Vordergrund.

Im Zusammenhang mit der specifischen Verschiedenheit der beiden
Blättersysteme der äußeren Schalensubstanz steht auch die höchst
eigenthümliche Struktur, welche die Cardiumschale regelmäßig in einer
unter der Epicuticula liegenden äußersten Randzone zeigt, die wohl als
Modifikation der äußeren Schalensubstanz, aber nicht als besondere
Schicht anzusehen ist. Wir hatten schon bei Cyprina und Astarte gesehen, dass die äußersten Enden der Schalenlamellen unter der Epicuticula regelmäßig aufwärts gebogen sind. Dasselbe ist bei Cardium der
Fall. Der erwähnte unter der Epicuticula liegende äußerste Schalentheil
(Fig. 7 a) ist nichts Anderes als die stark aufwärts gebogenen Enden
der Schalenlamellen. Die Biegung ist hier bis zu einer vollkommen
halbkreisförmigen Krümmung gesteigert, wobei die konvexe Seite natürlich dem Schalenrande zugekehrt ist. Die lamelläre Gliederung tritt hier
in den bogigen Linien viel deutlicher und schärfer hervor als in den geraden Liniensystemen in den übrigen Theilen der äußeren Schalensubstanz. Zudem ist dieser Schalentheil nicht in jene zwei Blättersysteme
verschiedener Faserrichtung differenzirt; er besitzt vielmehr nur eine
Art ganz gleichartig gerichteter Fasern, welche in allen Theilen senkrecht auf den Lamellen stehen und mithin in den halbkreisförmig gebogenen Theilen radiär verlaufen. Diese einheitliche Faserrichtung geht

allmählich in die doppelte der eigentlichen äußeren Schalensubstanz
über in demselben Maße, als die Auflösung in die beschriebenen beiden Blättersysteme stattfindet. Daher erhält man auf Querschliffen, die
der Fig. 7 entsprechen, immer den Eindruck, als ob die beiden Blättersysteme der äußeren Substanz in dieser äußersten Randzone wurzelten,
und sie gehen ja auch thatsächlich gewissermaßen aus derselben hervor.
Diese äußerste Randzone von Cardium, eben sowohl wie die ganze
äußere Schalensubstanz von allen hier besprochenen Arten, ist voll von
kleinen Hohlräumen, die zum großen Theil in Form von Kanälen auftreten. Dieselben durchsetzen die Schalentheile in den verschiedensten
Richtungen, wobei sie sich jedoch meist den gegebenen Strukturverhältnissen in ihrem Verlauf anpassen. Da ihre Lumina durchweg schmal
und eng sind und selten ähnliche Dimensionen erreichen wie bei Cyprina,
und da sie immer in großer Zahl bei einander vorkommen, so erscheinen
sie wie dunkle Schattirungen, die die Strukturzeichnungen scheinbar
en relief hervortreten lassen, weil sie deren Konturen ganz regelmäßig
begleiten. Die letztere Erscheinung wird dadurch noch frappanter, dass
in den meisten Fällen die verschieden gestalteten Hohlräume mit dunklem körnigen Pigment ausgekleidet oder ausgefüllt sind, wo man dann
im letzteren Falle statt von Höhlungen, mit gleichem Rechte von Pig-
menteinlagerungen sprechen kann. Die Kanäle und Pigmentanhäufungen
sind also, wie gesagt, auf bestimmte Zonen vertheilt und verleihen besonders der Oberflächenansicht der Schale, wo man die Kanäle meist
quer geschnitten sieht, ein höchst wunderbares, im ersten Augenblick
fast verwirrendes Aussehen. So sieht man sie z. B. auf der Oberfläche
von Scrobicularia piperata häufig zu ganz regelmäßig angeordneten
dunklen rundlichen Flecken vereinigt, die jeder, der die CARPENTER-
schen Abbildungen kennt, sofort mit den von demselben beschriebenen
Zellkernen (nuclear spots) identificiren wird. Im Allgemeinen ist das Auftreten dieser Kanäle und Einlagerungen ein so massenhaftes und häufiges,
dass die betreffenden Theile der Schale ganz dunkel erscheinen und sich
scharf gegen benachbarte hellere Zonen, die des Pigments entbehren,
abheben. Ganz besonders breite und dunkle Zonen treten regelmäßig
in den dicken Schalenwülsten auf, welche sich in der Nähe des Schlosses befinden (cf. Fig. 10). Eins von den mannigfach verschiedenen
Bildern, in denen sich die besagten Kanäle in den einzelnen Schliffen
darstellen, ist in Fig. 6 wiedergegeben. Auf diesem etwas schief durch
die Schale verlaufenden Querschliff sieht man einzelne dunkle Bänder
quer über die Strukturzeichnungen hinziehen; dieselben werden ledig-
lich von einer sehr großen Zahl ziemlich genau quer getroffener Kanäle
hervorgerufen. Außerdem werden aber die scharfen Konturen der

quer geschnittenen Blättersysteme desselben Bildes auch wesentlich von den hier angehäuften Kanal- und Pigmentbildungen bedingt.

Obwohl schon im Laufe der vorhergehenden allgemeinen Charakteristik wiederholt und eingehend auf specielle Eigenthümlichkeiten einzelner Schalen, besonders Cardium, hingewiesen wurde, so kommen wir doch hier im Zusammenhange nochmals auf gewisse specifische Verhältnisse der einzelnen hier behandelten Arten zurück. — Cardium zeigt speciell auf Querschliffen senkrecht zu den Anwachsstreifen große Unregelmäßigkeiten und Abweichungen von dem gegebenen Schema, die als solche erst eine Erklärung finden, wenn der Einfluss der bekannten höchst eigenthümlichen Skulpturen der Schalenoberfläche mit in Rechnung gezogen wird. Der Schalenrand verläuft ja hier nicht wie bei Mytilus u. a. in einer geraden Linie oder einfachen Kurve, sondern in regelmäßigen welligen Bogen, so dass auf der inneren und äußeren Oberfläche des Schalenrandes Rillen mit Buckeln regelmäßig abwechseln. Je mehr aber der so weit ausgebildete Schalentheil sich beim weiteren Wachsthum vom Schalenrande entfernt, desto mehr wird auf der Innenseite der Schale, besonders in den Rillen, neue Schalensubstanz abgelagert, so dass diese in der Nähe des Umbo ganz ausgefüllt sind und sich nicht mehr von den früheren Buckeln unterscheiden lassen. Auf Querschliffen parallel den Anwachsstreifen kann man aber die bogigen Wachsthumslinien in allen Theilen der Schale mit Leichtigkeit wiederfinden. Da nun die Blätter der Schale in allen Theilen etwa den gleichen Winkel mit der welligen Schalenoberfläche bilden, so erklärt es sich, wesshalb man auf Schliffen senkrecht gegen die Anwachsstreifen meist ganz unregelmäßige Bilder erhält. Die Schalenblätter müssen in den verschiedensten Richtungen schief getroffen werden, wenn der Schliff nicht genau auf der Höhe eines Schalenbuckels oder in der Tiefe einer Rille verläuft. Diese Linien sind aber natürlich bei der Anfertigung von Schliffen, und zwar besonders in der Nähe des Umbo, nur sehr schwer inne zu halten, und so erhält man meist Kombinationen von Flächenbildern der Schale (Fig. 6) mit geraden Querschnitten (Fig. 7). — Alle bisher erwähnten Eigenthümlichkeiten der Cardiumschale wurden im Wesentlichen an dem im hiesigen Hafen sehr häufigen Cardium edule beobachtet, finden aber in fast allen Beziehungen auch auf das etwas seltenere und kleinere Cardium fasciatum Anwendung. Die dieser Art in vielen Theilen der Schale eigenthümliche gelbe bis gelbrothe diffuse Pigmentirung findet sich auch bei C. edule, aber auf einzelne Zonen der äußeren Substanz beschränkt, besonders am Schalenrande und in der Nähe der Schließmuskel. Die Blättersysteme der Schale treten bei C. fasciatum bei Weitem nicht so präcis hervor wie bei C. edule; in einzelnen Theilen der äußeren Substanz sind sie kaum angedeutet oder fehlen ganz und lassen dann einen einfachen höchst regelmäßigen Aufbau aus horizontalen Lamellen erkennen. Wo sie vorhanden sind, tragen aber die Blätter der Schale stets das beschriebene charakteristische Gepräge. Auch die eigenthümliche Randzone unter der Epicuticula ist bei C. fasciatum in ganz typischer Weise ausgebildet. Bei Scrobicularia piperata zeigt die äußere Substanz, welche sich durch ihr etwas gelbes opakes Aussehen scharf von der helleren inneren Substanz abhebt, regelmäßig einen Aufbau aus Blättersystemen. Im Übrigen tritt der lamelläre Aufbau der Schale hier bedeutend schärfer hervor als bei der äußeren Substanz von Cardium. Bei der kleineren und äußerst dünnschaligen Scrobicularia alba treten die Blättersysteme der Schale nur sehr schwach hervor. Dasselbe gilt von der etwa gleich großen Tellina baltica L.; auch hier tritt die beschriebene senkrechte Gliederung der äußeren Substanz nur in einzelnen Theilen deutlicher hervor (sehr schön sichtbar war sie bei einem ziemlich dickschaligen Individuum von der englischen Küste), fehlt aber zuweilen ganz, um auch einer einfachen lámellären Gliederung parallel der Schalenoberfläche Platz zu machen, die in allen Fällen sehr deutlich und scharf hervortritt. Dieses Verhalten spricht sich bei Tellina wie bei Scrobicularia auch schon darin aus, dass die Schalen — besonders beim Schleifen — leicht parallel der Oberfläche in Lamellen zerspalten, was bei Cardium niemals eintritt. Die eigenthümliche rothe Färbung der Tellinaschale gehört, wenn sie überhaupt vorhanden ist, gewöhnlich sowohl der äußeren als der inneren Schalensubstanz an; in anderen Fällen ist sie auf die innere Substanz beschränkt.

Die innere Schalensubstanz zeigt bei allen erwähnten Formen ungefähr den gleichen Charakter. An vielen Stellen tritt sie als eine ganz helle und durchsichtige aus äußerst dünnen und feinen Lamellen zusammengesetzte Masse auf. In der Mehrzahl der Fälle zeigt sie aber sekundäre Veränderungen der verschiedensten Art und erhält durch die Regellosigkeit derselben ein mannigfach wechselndes Aussehen. Dabei kann man in vielen Fällen alle möglichen Übergänge von einer einfachen lamellären Gliederung zu einer der äußeren Substanz ähnlichen Anordnung beobachten. Auch dies Verhältnis tritt am deutlichsten bei Cardium hervor. Ein erstes Stadium der sekundären Veränderungen ist in Fig. 8 A wiedergegeben: Die Kalklamellen erscheinen in verschiedener Weise zerklüftet und in Fasern aufgelöst, wobei schon hier wesentlich zwei Faserrichtungen vorwalten. Bei der weiteren Ausbildung dieses Verhältnisses treten dann jene wunderbaren Bilder auf, die durch die Gleichmäßigkeit der Faserrichtung und die oft scharfen und dunklen welligen Konturen wie das Profil einer Berglandschaft erscheinen. In einem weiteren Stadium, wie es Fig. 8 *B* wiedergiebt, findet man dann die wesentlichen Elemente der äußeren Substanz, wenn auch in ganz unregelmäßiger Form, so doch schon präciser angedeutet; und häufig sieht man, dass die einzelnen Faserschichten, welche wie durch einander geflochten erscheinen, direkt in die Fasersysteme der äußeren Substanz übergehen. In diesem Fall setzen sich die Blätter der äußeren Substanz in die innere hinein fort, sind aber beim Übergang um einen gewissen Winkel (etwa 90°) gedreht. Dennoch findet man die als innere Schalensubstanz zu bezeichnenden Theile niemals völlig identisch mit denen der äußeren Substanz, und es ist mir z. B. niemals gelungen das charakteristische Querschnittsbild der letzteren, wie es Fig. 7 giebt, in der inneren Substanz in einer gleichen Ausbildung zu entdecken, wie sehr ich auch die Schliffrichtungen variirte.

Trotzdem ist das Hervorgehen der äußeren Substanz aus der inneren durch sekundäre Processe der Krystallisation oder sonstiger molekularer Veränderungen gerade für Cardium sehr wahrscheinlich gemacht. Für die Najaden und ähnliche Formen müssen ja derartige Annahmen unbedingt zurückgewiesen werden. Aber während bei diesen bei der Vergrößerung der Schale nur die innere Substanz an Dicke zunimmt, scheint sich bei Cardium wesentlich nur die äußere Substanz zu vergrößern. Die innere nimmt selbst in großen und starken Schalen immer nur eine sehr schmale Randzone auf der Innenseite der Schale ein. Auch ist es sehr wohl denkbar, dass die Theile der inneren Substanz durch die enge Berührung mit der äußeren derart metamorphosirt werden, dass sie die Struktur der äußeren Substanz annehmen.

Bei S c r o b i c u l a r i a ist die Grenze zwischen innerer und äußerer Substanz verhältnismäßig schärfer. Aber auch hier zeigt die innere Substanz ähnliche Zerklüftungen wie bei Cardium, daneben häufig wunderbar stalaktitenähnlich geformte Einlagerungen oder sekundäre Höhlenausfüllungen (cf. Fig. 12 und 13). Besonders charakteristisch ist für beide Arten von Scrobicularia die äußerst regelmäßige prismatische Gliederung, die in gewissen Zonen der lamellären Grundsubstanz auftritt, und die vollkommen den in Fig. 15 von Mya abgebildeten Verhältnissen gleicht und eine entfernte Ähnlichkeit mit der sogenannten durchsichtigen Substanz hat. Man hat es hier mit Säulen zu thun, die ihrerseits wieder aus äußerst feinen geraden nadelförmigen Säulen aufgebaut sind.

Bei T e l l i n a scheint die innere Substanz die Eigenthümlichkeiten von Scrobicularia und Cardium zu vereinigen. An manchen Stellen sieht man jene mannigfachen Zerklüftungen und den Zerfall in Faserbündel, wie das von Cardium beschrieben wurde, daneben verschieden gestaltete Einlagerungen und Hohlräume, in einzelnen Theilen auch jene eigenthümliche säulige Struktur, genau wie sie Scrobicularia besitzt. Die verdickten Schalenbuckel in der Nähe des Schlosses, welche auch von der inneren Substanz gebildet werden, zeigen wie gewöhnlich die weitgehendste Differenzirung (Fig. 10). Man findet hier, ähnlich wie bei Astarte an der entsprechenden Stelle, dass die Strukturzeichnungen sehr vollkommen den Querschnittsbildern der äußeren Substanz gleichen (Fig. 7). Dieselben sind auch jedenfalls durch zwei verschieden gefaserte Blättersysteme bedingt, die einander durchdringen. Im Übrigen erinnert diese allmählich fortschreitende Differenzirung und prismatische Gliederung der Schalenbuckel sehr an die später zu beschreibenden gleichen Vorkommnisse in der inneren Substanz der Myaschale (Fig. 14). Jene eigenthümliche als Schalenbandwall bezeichnete Modifikation der inneren Schalensubstanz findet sich auch bei Tellina in sehr schöner Ausbildung und mit etwa denselben prismatischen Strukturcharakteren wie bei Cyprina und Mytilus. Aber auch hier setzen die Lamellen der Schale ungestört durch sie hindurch bis in das Schalenband hinein (Fig. 10 s).

Der als durchsichtige Substanz bezeichnete eigenthümliche Beleg der Muskelnarben ist sowohl bei Cardium als bei Scrobicularia und Tellina in derselben Ausdehnung und Form vorhanden wie bei Mytilus (Fig. 8 B). Auf Querschliffen stellt sich dieser Theil als eine schmale Schicht mit verschiedenen Ausläufern dar. Innerhalb derselben kann man auch wieder eine deutliche lamelläre Gliederung erkennen und eine noch mehr vorwiegende prismatische Anordnung, die hervorgerufen wird von feinen Kanälen und Kalksäulen, welche verschiedene prismatische oder stumpf kegelige Formen besitzen, und die in ihrer Entstehung wie in ihrer Form vollständig mit denen von Mytilus übereinzustimmen scheinen.

Corbula gibba Oliv., Solen pellucidus Penn.

Im Anschluss an Cardium, Scrobicularia und Tellina erwähne ich noch zwei Formen, die rücksichtlich ihrer Struktur zu diesen entschieden in nächster Beziehung stehen, die aber wegen ihrer Kleinheit und Dünnschaligkeit nur eine ziemlich oberflächliche Beobachtung erlauben. Corbula gibba ist, wie schon erwähnt, durch die zahlreichen und langen Anhänge ihrer Epicuticula ausgezeichnet. Die äußere Schicht, welche eben so wie die innere, aber etwas intensiver roth gefärbt ist, zeigt in vielen Theilen den gleichen Aufbau aus Blättersystemen, wie Tellina und Scrobicularia, was man sowohl auf Querschliffen als auf

Flächenansichten der Schale konstatiren kann; in anderen Theilen fehlt diese Struktur wieder ganz, und man bemerkt hier zahlreiche verschieden gestaltete Einschlüsse resp. sekundäre Ausfüllungen von Höhlungen in der Schale mit vorwiegend stalaktitenartigen oder spitzen Haifischzahn-ähnlichen Formen (Fig. 13). Die innere Schalensubstanz zeigt einen einfach lamellären Aufbau, dabei aber auch häufige Unregelmäßigkeiten und Zerklüftungen, wie sie sich bei Cardium finden. Zuweilen erinnert auch eine sehr regelmäßige prismatische Gliederung der inneren Substanz sehr an die schon beschriebenen Verhältnisse der entsprechenden Schicht von Scrobicularia (cf. Fig. 15 von Mya).

Die im Kieler Hafen vorkommende äußerst dünnschalige Solen pellucidus scheint in den ältesten resp. dicksten Theilen der Schale eine ähnliche Struktur zu besitzen wie die äußere Schicht von Scrobicularia etc. Wenigstens halte ich mich zu dem Schluss für berechtigt, da die Oberflächenansicht ganz die entsprechenden Bilder liefert, während Querschliffe sich nicht herstellen ließen. In jüngeren Schalentheilen erscheint der Kalk wenig differenzirt und meist dicht, ähnlich wie in vielen jungen und dünnen Theilen von Tellinaschalen.

Mya arenaria L.

Obwohl Mya sowohl äußerlich als auch in ihren feineren Strukturverhältnissen sehr nahe Beziehungen zu der eben abgehandelten Gruppe zeigt, so habe ich sie doch, und wie ich glaube mit Recht, davon abgetrennt und in eine eigene Gruppe gestellt. Mya vereinigt in der Summe der Strukturverhältnisse ihrer verschiedenen Schalentheile fast sämmtliche Eigenthümlichkeiten, die wir bisher in den verschiedensten Schalenregionen der Lamellibranchier kennen gelernt haben; und eine specificirende Behandlung des Gegenstandes würde von den Eigenthümlichkeiten der Myaschale ausgehen können, um davon alle anderen Vorkommnisse als mehr oder weniger hochgradig differenzirte Bildungen abzuleiten.

Die Epicuticula von Mya zeigt sich nicht im geringsten unterschieden von den entsprechenden Bildungen bei Scrobicularia, Tellina etc.

Die äußere Schalensubstanz gleicht vollkommen den äquivalenten Theilen der Cyprinaschale und bildet wie diese eine ziemlich dunkle kreidige Masse, welche aus zahllosen dicht und regellos neben einander liegenden Kalkkörnchen oder -Blättchen besteht (Fig. 15 a). Auf Querschliffen durch diese Substanz sieht man dieselbe wenig ausgesprochene lamelläre Gliederung wie bei Cyprina.

Die innere Substanz macht den bei Weitem größten Theil der

Schale aus; sie ist scharf gegen die äußere Schicht abgesetzt und besitzt eine von dieser ganz verschiedene Struktur. Sie zeigt wunderbarerweise eine außerordentliche Mannigfaltigkeit von Formen, die als sekundäre Gebilde aus einer anfänglich nur einfach lamellär gegliederten Masse hervorgehen, und die alle möglichen Übergänge zwischen einer Gliederung in gerade Säulen einerseits und einer ausgesprochenen Gastropodenschalenstruktur andererseits aufweisen. Das Auftreten einfacher gerader Säulen von genau der Form, welche für die innere Substanz von Scrobicularia beschrieben wurde, findet sich besonders in dünnen Schalen, wie sie in der Kieler Bucht am häufigsten vorkommen, aber auch in vielen Theilen von dickeren Schalen, z. B. am Rande der Schale da, wo sich die innere Substanz gegen die äußere auskeilt (Fig. 15). Die komplicirtesten Strukturverhältnisse trifft man in den verhältnismäßig dicksten Theilen der inneren Schalensubstanz an, in der Nähe des Umbo und des Schlosses und vor Allem in jenem eigenthümlichen Gebilde der Myaschale, welches als Zahn bezeichnet wird. Fig. 14 stellt ein Stück aus einem Querschliff senkrecht gegen die Anwachslinien dar aus der Nähe des Schalenschlosses. Das sich hier darbietende Bild kann als typisch für die älteren Theile der ausgewachsenen Myaschale hingestellt werden. Man sieht, dass der Grad der prismatischen Gliederung in den einzelnen benachbarten Schichten ein sehr verschiedener ist. Einzelne Lamellen entbehren jeglicher säuligen Anordnung, andere lassen dieselbe schwach, wieder andere sehr scharf hervortreten. Dabei bemerkt man in vielen Regionen der Schale eine deutliche Gastropodenschalenstruktur; je zwei benachbarte Säulen erscheinen dann immer entgegengesetzt gestreift, d. h. man hat es auch hier mit zwei und zwar in diesem Falle völlig gleichwerthigen Blättersystemen von verschiedener auf einander senkrechter Faserung zu thun. Da die Blätter der Schale sehr gerade verlaufen und der Verzweigungen und Ausbuchtungen entbehren, die wir von Cardium etc. beschrieben, da aber im Übrigen das Verhältnis der Blätter zu einander und die Orientirung der sie aufbauenden Fasern zur Schalenoberfläche ganz dieselbe ist wie bei den früher beschriebenen Formen, so können die Bilder, die sich hier auf Querschliffen darbieten (Fig. 14), und die in Fig. 11 in vergrößertem Maßstabe dargestellt sind, als ideales Schema für die Verhältnisse der Cardiumschale dienen. — Es gelingt unschwer die Fig. 11 auf Fig. 7 zurückzuführen. In Fig. 7 tritt das eine Blättersystem zurück, dessen Fasern schief quer, gegen das andere, dessen Fasern schief längs getroffen sind; in Fig. 11 sind beide Blättersysteme im Gleichgewicht und ihre beiden entgegengesetzten Faserrichtungen unter dem gleichen Winkel getroffen. — Eine weitere sehr nahe Beziehung zu dem Bau der

Gastropodenschale tritt in dem Verhältnis benachbarter Schichten, wie a und b der Fig. 14 hervor. Wir hatten schon bei Cardium u. a. gesehen, dass in den Schalentheilen, wo die innere Substanz eine ähnliche Struktur zeigte wie die äußere, beide zu einander in demselben Verhältnis zu stehen schienen wie je zwei auf einander folgende Schichten der Gastropodenschale, nämlich um 90° gegen einander gedreht. Hier bei Mya (Fig. 14) ist das ganz offenbar der Fall. Während man in den mit a bezeichneten Lamellen die Blätter der Schale quer geschnitten sieht, erblickt man sie bei b von der Fläche, nämlich als zwei Systeme sich kreuzender Linien, die vollkommen der Fig. 9 entsprechen.

Die Bilder, die man auf Schliffen parallel der Schalenoberfläche oder auf entsprechenden Spaltungsstücken erhält (die Schale spaltet leicht in der Richtung der sie aufbauenden Lamellen), bestätigen in jeder Beziehung die oben gemachten Angaben. Fig. 16, 17 A und 17 B zeigen die Blätter der Schale auf einem Querschnitt, dessen Richtung etwa der Fig. 6 entspricht. In Fig. 16 (nach einem Spaltungsstück) sieht man Formen, die von denen der Fig. 6 noch sehr wenig abweichen; in Fig. 17 A aber tritt die oben erwähnte Regelmäßigkeit und der gerade Verlauf der Blätter deutlich hervor. Gleichzeitig bemerkt man, dass die Blätter eine Neigung zeigen, sich durch Querwände zu theilen, und dass sie schließlich gänzlich in Prismen zerfallen, deren Querschnitte in Fig. 17 B dargestellt sind. Wir haben also hier in den Strukturverhältnissen von Mya ein interessantes Bindeglied zwischen den typischen Prismen der Muschelschalen und jenen eigenthümlichen Blättern der Schneckenschale. Die nahe Beziehung zwischen den in Fig. 17 A und 17 B abgebildeten Verhältnissen war übrigens schon CARPENTER [1] klar; er spricht allerdings von verkalkten Zellen mit dunklen Kernen, die allmählich mit einander verschmelzen, während ihre Grenzen undeutlich werden oder verschwinden.

In allen Theilen der inneren Substanz von Mya finden sich auch Höhlungen und Pigmentanhäufungen der mannigfachsten Form, die nicht selten Veranlassung zu den wunderbarsten und zierlichsten Bildern geben. Die Höhlungen, die, wie es scheint, meist mit Pigment ausgekleidet sind, kommen in all den schon früher von Cardium etc. beschriebenen Formen vor. Einige der wunderbarsten, die aber als solche durchaus nicht vereinzelt dastehen, wurden in Fig. 14 in einer mittleren Schicht abgebildet; bemerkenswerth ist, dass sie sich häufig durch mehrere neben einander liegende Lamellen von oft sehr verschiedenem Charakter hindurchziehen. Für die Mannigfaltigkeit, in der

---

[1] cf. l. c. 1847. p. 103 mit Fig. 22 und 24.

das meist dunkle und körnige Pigment in der Schale auftritt, liefern fast alle Abbildungen, die von Mya gegeben wurden, reiche Illustrationen. Die Art und Weise, wie es sich in Fig. 11 und 15 (a) auf den quergeschnittenen Prismen und Blättern der Schale darstellt, ist eben so charakteristisch, wie die kolossalen dunklen Massen, die man auf Flächenbildern (Fig. 17 A und B) sehr häufig sieht, die in ähnlicher Form, wenn auch weniger auffallend bei Scrobicularia etc., wie bereits erwähnt, vorkommen, und die von CARPENTER als Zellkerne beschrieben wurden.

Wie bei den früher erwähnten Formen, so lässt sich auch bei Mya schwer ein principieller Unterschied machen zwischen den Hohlgebilden und den Einlagerungen der Schale, da letztere wohl, wie gesagt, als sekundäre Ausfüllungen von Hohlräumen entstanden sind. Besonders typische Formen solcher Einlagerungen sind in Fig. 12 aus einem mittleren Theil der inneren Schalensubstanz abgebildet worden.

Sie ähneln in der Form sehr den in Fig. 13 abgebildeten »Konkrementen«, und vollkommen gleiche Gebilde werden in den verschiedenen Theilen der Myaschale auch nicht selten angetroffen. Einzelne Schichten sind ganz dicht damit angefüllt, wie das Fig. 12 zeigt, in anderen treten sie nur sporadisch auf.

_____

Ehe wir von den Strukturverhältnissen der Schale auf ihre Bildung und ihr Wachsthum übergehen, wollen wir nicht unterlassen, auch der chemischen (35) und besonders der physikalischen Eigenthümlichkeiten der Schalensubstanzen im Allgemeinen mit einigen Worten zu gedenken. — Es ist längst bekannt, dass eine organische Grundlage in der Schale niemals fehlt, wenn auch ihre Menge sehr verschieden ist und oft gegen den Kalkgehalt sehr zurücktritt. Man hat dieser organischen Substanz den Namen Conchiolin gegeben und stellt sie ihrer Zusammensetzung nach zwischen die Chitin- und die Eiweißsubstanzen; indessen ist sie chemisch bis jetzt noch weniger charakterisirt als diese ihre Verwandten. Etwas besser kennt man den organischen Theil der Schale. Der Hauptsache nach besteht er aus kohlensaurem Kalk mit wenig kohlensaurer Magnesia — im Ganzen circa 88—96%; der Rest besteht aus Alkalien, Erden und Eisen, welche meist an Phosphorsäure gebunden sind, und oft kommt eine nicht unbeträchtliche Menge von Kieselerde und Thonerde vor.

Im Allgemeinen ist das Mengenverhältnis der anorganischen Bestandtheile unter einander und zu den organischen Theilen ein sehr schwankendes; und diesem Umstande sind offenbar die großen Verschiedenheiten der specifischen Gewichte und der Härte der Muschelschalen zuzuschreiben. Diese Verhältnisse sind es aber gewesen, die

die schon Eingangs erwähnten Autoren wie DE LA BÈCHE, NECKER, LEYDOLT, ROSE u. A. veranlasst haben, in vielen Schalen Aragonit neben dem Calcit anzunehmen. Allerdings gewinnt diese Annahme später noch durch andere Argumente an Sicherheit. Es findet sich in der diesbezüglichen Litteratur mehrfach die Angabe [1], schon BREWSTER habe in der Perlmutter zwei Achsen doppelter Brechung, wie sie beim Aragonit vorhanden sind, aufgefunden. Das ist aber unrichtig. BREWSTER sagt in der angezogenen Arbeit ausdrücklich [2]: Perlmutter polarisirt das Licht anders als alle krystallisirten Körper, nämlich ohne Beziehung auf eine feststehende Achse. BREWSTER hat nur — und zwar zuerst — konstatirt, dass die Perlmutter doppelt brechend sei, wie das später auch von KÖLLIKER [3] u. A. bestätigt worden ist. Die etwas spätere Angabe von LEYDOLT, der in der Perlmutter »deutlich zwei Ringsysteme mit einem dunklen Streifen wie bei optisch zweiachsigen Krystallen« gesehen haben will, erlaube ich mir zu bezweifeln. Es ist dem genannten Autor, wie er selbst gesteht [4], nicht gelungen, das Ringsystem mit einfachem Kreuz, wie es für optisch einachsige Mineralien charakteristisch ist, auf Querschliffen durch die Säulen der Pinnaschale zur Ansicht zu bringen. Ich habe dasselbe regelmäßig mit größter Deutlichkeit gesehen und bezweifle daher, dass die LEYDOLT'schen Resultate für die Perlmutter in der gewünschten Weise verwerthet werden können, zumal da es sich bei der Perlmutter gar nicht so wie bei der Säulenschicht von Pinna um wirklich krystallisirte, sondern vielmehr um krystallinische Bildungen zu handeln scheint. Schließlich erwähne ich aber noch einen, wie mir scheint, bedeutsamsten Umstand, der von LEYDOLT und ROSE für die Aragonitnatur gewisser Schalentheile geltend gemacht wird. Das sind die eigenthümlichen sechs- bis achtseitigen Tafeln, die sich auf der Innenseite der Perlmutter vieler Pinnaarten vorfinden [5]. Ich fand dieselben bei Pinna aequilatera Martens (= muricata Reeve von den Seychellen) in vollkommener Übereinstimmung mit den gegebenen Schilderungen. ROSE erklärt diese Gebilde, deren Krystallnatur nicht bezweifelt werden kann, mit Bestimmtheit für Aragonit, und es muss einem Mineralogen von Fach überlassen werden, diese Angaben mit Hilfe der modernen Untersuchungsmethoden zu kontrolliren. Für mich war es von besonderem Interesse, zu konstatiren, dass sich selbst bei Pinna alle möglichen Übergänge zwischen den beschriebenen geradlinig begrenzten Tafelformen und den entsprechenden unregelmäßig rundlichen Formen von Mytilus (Fig. 4) auffinden lassen. — Nach alle Dem

---

[1] cf. z. B. ROSE, l. c. p. 67.   [2] l. c. p. 448.
[3] cf. Zeitschr. f. w. Zool. Bd. X. 1860. p. 230.   [4] cf. l. c. p. 31.
[5] cf. ROSE, l. c. Taf. I, Fig. 9, 10, 11, 12, 13.

erscheint es einstweilen nicht geboten, Aragonit in den Muschelschalen anzunehmen, obgleich die Möglichkeit des Vorkommens damit nicht in Abrede gestellt werden soll. Jedenfalls spielt er nicht die wichtige Rolle, die man ihm hat zuschreiben wollen. Man muss sich aber wundern, wenn selbst ein neuerer Forscher wie SORBY durch kritiklose Annahme der früheren Beobachtungsmethoden (Bestimmung der Härte und des specif. Gewichts) zu den größten Inkonsequenzen in seinen Resultaten gelangt [1], ohne desshalb an der Richtigkeit seiner Voraussetzungen irre zu werden.

HARTING (32), der in einer sehr beachtenswerthen Arbeit zum ersten Mal den Weg des synthetischen Experiments zur Erforschung der organischen Kalkablagerungen betreten hat, hat auf Grund seiner Versuche den Streit über die Calcit- oder Aragonitnatur der Muschelschalen überhaupt für wesenlos erklärt, da die Verbindung der organischen Substanz mit dem Kalke eine so enge sei, dass sie nicht allein wesentlich mit formbedingend ist, sondern überhaupt den ganzen Charakter des Kalkes zu einem eigenartigen stempelt. Es bleibt indessen zu bedenken, dass die von HARTING dargestellten Calcosphaeriten, auf die ich später noch zurückkommen will [2], nur einen ganz beschränkten Vergleich mit den Theilen der Muschelschale zulassen. Es darf nicht vergessen werden, dass gewisse Schalentheile, wie die äußeren Schichten von Pinna und Mytilus, sowohl durch ihre optischen Eigenschaften als durch ihre Spaltungsflächen die Natur der rhomboedrischen Calcite aufs unzweideutigste dokumentiren, dass in entkalkten Schliffen die charakteristischen Polarisationserscheinungen nicht mehr auftreten, eben so wie auch entkalkte Calcosphaeriten das einfache Ringsystem mit dunklem Kreuz nicht mehr hervorrufen. Andererseits ist zu bemerken, dass in den ersten Entwicklungsstadien der Calcosphaeriten die Krystallnatur des in ihnen enthaltenen kohlensauren Kalkes allerdings vollkommen latent erscheint, dass dieselbe aber sofort in einer radiär-faserigen Struktur hervortritt, wenn man diese Gebilde mit schwachen Säuren behandelt. Gewisse weitere Entwicklungsstadien der Calcosphaeriten zeigen sogar, wie ich aus eigener Erfahrung weiß, die rhomboedrische Natur des eingelagerten kohlensauren Kalkes aufs unzweideutigste.

Wachsthum der Schalentheile.

a. Die Kalktheile der Schale.

Die in den vorhergehenden Zeilen beschriebenen Strukturverhältnisse geben über das Wachsthum der Muschelschale nur in wenigen

[1] cf. l. c. p. 59 ff. [2] cf. unten p. 40.

Punkten Aufschlüsse, die über das bisher Bekannte hinausgehen. Der
Umstand, dass sich in allen Fällen zwei wesentlich von einander verschiedene Schalenschichten vorfanden, eine äußere und eine innere,
kann als Bestätigung für den bisher angenommenen Sekretionsmodus
dienen. Es ist danach wahrscheinlich, dass im Allgemeinen eine mehr
oder weniger ausgedehnte Randzone des Mantels wesentlich andere
Sekretformen erzeugt, als der übrige Haupttheil des Mantels, wie das
eigentlich schon seit CARPENTER[1] bekannt ist. — Ich möchte indessen an
dieser Stelle nochmals darauf hinweisen, dass die Scheidung der beiden
Schalensubstanzen nicht immer eine so scharfe ist, wie z. B. bei den
Najaden. Wenn schon bei Astarte eine höchst vollkommene Übereinstimmung im Bau der beiden Schichten in die Augen fiel, obwohl eine
genetische Verschiedenheit ihrer äußeren Begrenzung nach nicht ge-
leugnet werden konnte, so zeigten die Verhältnisse von Cardium
vollends, dass ein vollständiger Übergang der einen Substanz in die
andere sehr wohl möglich ist und hier entschieden angenommen werden
muss, wenn anders überhaupt eine Erklärung für das große Missver-
hältnis in der Ausdehnung und Größe der beiden Schichten gefunden
werden soll.

Über die physiologischen Vorgänge bei dem Sekretionsprocess ist
seit den ausgezeichneten Arbeiten von C. SCHMIDT (1845) nichts Näheres
bekannt geworden. Indessen können die Resultate dieser Experimente
noch heute im vollsten Maße Geltung beanspruchen. Danach[2] befindet
sich im Muschelblut neben phosphorsaurem Natron und phosphorsaurem
Kalk wesentlich eine schon durch die Kohlensäure der Luft, des Wassers
oder des Stoffwechsels zersetzbare Verbindung von Albumin mit Kalk.
Dieses eigenthümliche wahrscheinlich neutrale Kalkalbuminat wird
durch die Thätigkeit der Epithelzellen in freies Albumin und basischen
Albuminkalk zerlegt, worauf ersteres mit dem phosphorsauren Kalk
durch das Blut dem Organismus wieder zugeführt wird. Das basische
Kalkalbuminat wird als formlose Masse gegen die Schale zu abgesondert
und durch die Berührung mit Kohlensäure jedenfalls sofort in kohlensauren Kalk und Albumin zerlegt, um in dieser Form zur Verdickung
der Schale beizutragen.

Wie nun aber die so komplicirten schließlichen Strukturverhältnisse aus dieser »formlosen« Mischung von organischer Substanz und
kohlensaurem Kalk hervorgehen, das ist von jeher eines der größten
Räthsel gewesen. Dass Krystallisationsprocesse bei der weiteren Entwicklung eine große Rolle spielen, ist nicht zu bezweifeln, aber alle

---

[1] cf. l. c. 1847. p. 79.   [2] cf. l. c. p. 59 und 60.

Bildungen können keinenfalls dadurch erklärt werden. Erst vor etwa zehn Jahren ist der erste bedeutsame Schritt zur Lösung dieses Räthsels gemacht worden, und zwar in den schon erwähnten Experimenten von Harting. Derselbe hat durch Zusammenbringen von flüssigem Eiweiß mit nascirendem kohlensauren Kalk (aus Chlorcalcium und kohlensaurem Natron) in den entstehenden Niederschlägen verschiedenartige Formen erhalten, die die frappantesten Beziehungen zu verschiedenen Kalksekretionen vieler wirbelloser Thiere zeigten. Die krystallinischen oder krystalloiden Theile des Niederschlages zeigen, dass das Albumin bei dem Process in eine dem Conchiolin oder Chitin ähnliche Modifikation übergegangen ist und gleichzeitig in ganz eigenartiger Weise die Form des sich ausscheidenden Kalkes beeinflusst resp. bestimmt hat. Die Elemente des Niederschlags bilden größtentheils kugelige Körperchen von gleichzeitig koncentrisch-lamellärem und radiär-faserigem Gefüge, die auch nach dem Entkalken gewisse Formeigenthümlichkeiten behalten. Diese kugeligen Körperchen oder Calcosphaeriten liegen meist flächenhaft neben einander, platten sich dann gegenseitig ab und erscheinen als polygonal gefelderte Flächen. Harting weist nicht auf die, wie mir scheint, große Ähnlichkeit dieser Dinge mit den polygonal gefelderten Perlmutterschichten hin, die ja auch, wie wir sahen, aus ähnlichen Elementen entstehen, sondern er spricht die offenbar sehr gewagte Ansicht aus, die Prismen von Pinna und den Unioniden beständen wohl aus zahlreichen abgeplatteten und auf einander liegenden Calcosphaeriten. Mögen indessen die Beziehungen zwischen den Elementen der Muschelschalen und jenen künstlich erhaltenen »Calcoglobulin«-Formen sein, welche sie wollen, eine nahe Verwandtschaft beider lässt sich nicht leugnen, und es dürfte daher angezeigt sein, auf diesem Wege des Experiments weiter zu gehen. Vielleicht gelingt es bei mannigfacher Modifikation des Verfahrens und möglichstem Anschluss an die natürlichen Verhältnisse Formen zu erhalten, deren Beziehungen zu den Naturgebilden näher und klarer sind. Dann wäre das große Räthsel der Schalenbildung auf ein einfaches mechanisches Problem reducirt.

b. Die Epicuticula.

Sehr viel besser unterrichtet sind wir indessen über die Bildung und das Wachsthum der Epicuticula, weil dieselbe im Ganzen einen viel einfacheren Bau zeigt als die eigentlichen Schalentheile. Es ist seit geraumer Zeit bekannt, dass die Epicuticula, die, wie schon erwähnt, keinem Lamellibranchier zu fehlen scheint, auf dem Epithel des Mantelrandes ihren Ursprung nimmt. In den verschiedenen Species sind sehr verschiedene Epithelzonen der Mantellappen an der Er-

zeugung der Epicuticula betheiligt, wie wir später noch näher zu er-
örtern haben. Dass die Epicuticula ein echtes Cuticulargebilde sei,
d. h. dass sie von gewissen Zellen durch den Process der Sekretion
oder Ausschwitzung erzeugt werde, ist bisher wenig bezweifelt
worden; um so mehr nimmt es Wunder, wenn Tullberg in seiner oft
erwähnten Arbeit die Epicuticula zwar auch für eine »wirkliche Cuticularbildung« erklärt[1], diese aber als durch »allmähliche Umbildung der
Zellen in Schalensubstanz« entstanden definirt. Man hat sich unter
diesem Gebilde nach Tullberg also offenbar ein Mittelding zwischen gewöhnlicher Sekretbildung und jener Zellenmetamorphose zu denken,
als welche die Nägel, Hörner etc. der Wirbelthiere anzuseben sind. Die
»chemische Metamorphose« der Zellen soll sich nicht auf die ganzen
Zellen, sondern immer nur auf die äußersten Zellenränder erstrecken. —
Huxley (20) hat in seiner berühmten Monographie über den Flusskrebs,
wie es scheint zum ersten Mal, von einer »chemischen Metamorphose der
oberflächlichen Zone der Zellkörper zu Chitin« gesprochen[2] und diese
Art der Panzerbildung für den Krebs als »wahrscheinlich« hingestellt,
ohne indessen irgend einen Beweis beizubringen. Tullberg glaubt nun
wenigstens für den Hummerpanzer den Beweis für die Richtigkeit dieser
Annahme geliefert zu haben, womit dann die Resultate der durchaus
exakten Untersuchungen von Haeckel (33) und Braun (34) über diesen
Gegenstand einfach über den Haufen geworfen wären. Ohne indessen
auf die Bildung des Crustaceenpanzers weiter einzugeben, will ich an
dieser Stelle an der Hand meiner Präparate und Zeichnungen den Nach-
weis führen, dass es durchaus unzulässig ist, diese Art der Zellmeta-
morphose, mag sie nun überhaupt vorkommen oder nicht, auf die Bildung der Epicuticula bei den Muscheln zu übertragen.

Tullberg hat die Bildung der Epicuticula nur bei Mytilus genauer
verfolgt; und diesem Umstande ist es auch besonders zuzuschreiben,
dass er zu so eigenthümlichen Resultaten gelangt ist; denn Mytilus ist
gerade für diese Untersuchungen ein sehr ungünstiges Objekt, weil die
Epicuticula selbst in ihren jüngsten Theilen sehr hart ist und das
Schneiden erschwert, und weil auch die absondernden Epithelzellen an
dieser Stelle auffallend klein sind. Bei vorsichtiger Präparation gelingt
es indessen auch hier, alle Theile in gewünschter Weise zur Ansicht zu
bringen. Ich habe nun beim Behandeln mit Chromsäure, Härten in
Alkohol und Färbung mit Pikrokarmin oder Alaunkarmin auf Schnitten
durch die verschiedensten Theile des Mantelrandes niemals ein derartig
streifiges Aussehen der in Frage stehenden Epithelzellen auffinden

---

[1] cf. l. c. p. 34. 　　[2] cf. l. c. p. 165.

können, wie es in den TULLBERG'schen Figuren 3 und 4 der Tafel V angedeutet ist. Die Zellen, denen der jüngste Theil der Epicuticula aufliegt, präsentiren sich mir überhaupt auf der ganzen Länge des kleinen
mittleren Mantellappens jede für sich mit deutlichen Grenzen, deut-
lichem Kern und gleichmäßig körneligem Inhalt (cf. Fig. 5), während
sie bei TULLBERG ohne scharfe Abgrenzung gegen einander auch vielfach
ohne Kern von ganz streifigem resp. faserigem Inhalt erscheinen. Die
Form der Zellen ist auf meinen Präparaten auch keine gleichmäßige;
ein Theil derselben erscheint im Verhältnis zu den anderen sehr niedrig
und langgestreckt. Die ovalen Zwischenräume zwischen den einzelnen
Zellen sind jedenfalls nur Artefakte (sie finden sich auch auf TULLBERG's
Abbildungen). Ein einziges Mal habe nun auch ich an einem Alaun-
karminpräparat die oberflächliche Zone eines Theiles der Epithelzellen
von streifigem Aussehen gefunden (Fig. 5 a), und zwar derart, dass
feine Zacken, welche zweifellos der darüber liegenden Cuticularmasse
angehörten, in die Substanz der Zellen hineinzuspringen schienen —
aber auch nur schienen. Bei aufmerksamer Betrachtung zeigte es sich,
dass der Schnitt an dieser Stelle etwas schief gegangen war, wie das bei
den welligen Biegungen der Epicuticula und ihrem Widerstand beim
Schneiden nicht so sehr auffällig war. An dieser Stelle nun sah man in
Folge dessen die untere, d. h. den Zellen aufliegende Seite der Epicuticula. Dieselbe ist aber in der That nie glatt, sondern fein riefig, wie
wir das schon an einem früheren Orte erwähnt haben[1]. Die besagten
Zäckchen waren also nichts Anderes, als die schief geschnittenen oberflächlichen Rillen der Epicuticula, die man fast immer auf Flächenbildern
der jungen Epicuticula sieht, die später die Oberflächenskulptur der
Schalendecke bilden und als solche im geraden Querschnitt in Fig. 1 C
abgebildet sind.

Ich wollte es nicht unterlassen, diesen interessanten Befund mitzu-
theilen, da er möglicherweise eine Erklärung für die TULLBERG'schen
Abbildungen und Untersuchungsresultate abgeben könnte. Es liegt mir
jedoch fern, diese Deutung als zweifellos hinzustellen, da es immer ge-
wagt erscheint, eine eigene Auffassung in die von Anderen gegebenen
Bilder hineinzudeuten. Eine Zerfaserung der Epithelzellen, wie sie
TULLBERG annimmt, muss aber ganz entschieden in Abrede gestellt
werden.

Das bestätigen nun Präparate von anderen Lamellibranchierspecies
in höchst vollkommener Weise, und ich habe alle häufiger im Kieler
Hafen vorkommenden Arten darauf untersucht. Ich verweise zuerst auf

[1] p. 10.

Mya arenaria, von der bekannt ist, dass ihre durch die klaffenden
Schalen besonders exponirten Körpertheile von einer äußerst dicken und
festen Cuticula überzogen sind, welche kontinuirlich in die Epicuticula
der Schale übergeht. Auf einem Querschnitt durch die median verwachsenen Mantelränder der Bauchseite erhält man ein Bild, wie es in
Fig. 20 wiedergegeben ist. Das gesammte Mantelrandepithel, welches
aus lauter gleichartigen und in keiner Weise modificirten Elementen
besteht, betheiligt sich an der Cuticularbildung. Bei *a* vereinigt sich die
sehr dicke Cuticularmasse des vorderen Randes mit der erheblich
dünneren der hinteren Manteltheile zur eigentlichen Epicuticula, die
sich von hier auf den äußeren Schalenrand fortsetzt. Die äußere Begrenzung der Cuticularmassen ist eine höchst unregelmäßige; ihre Substanz erscheint abgesehen von kleinen und unbedeutenden Fältchen, die
sich bei der Präparation bilden, fast ganz homogen und strukturlos. Ihr
Ursprung ist in der medianen Vertiefung des Mantelrandes (*m*) zu
suchen, gerade da, wo der Mantellappen der einen Seite mit dem der
anderen verwachsen ist. Man kann die Epicuticula jeder Seite gesondert
bis in die Tiefe dieser Falte verfolgen, und es ist bemerkenswerth, dass
hier keine Verschmelzung stattfindet. Die Cuticularsubstanz nimmt,
eben so wie bei Mytilus, keine Karminfärbung an, höchstens in ganz
jungen und noch nicht erstarrten Theilen, aber auch hier nur schwach.
Der Zusammenhang der Cuticularmasse mit ihrer Matrix ist groß genug,
so dass beide im Zusammenhang von ihrer bindegewebigen Unterlage
abgehoben werden können, wie das an der mit *b* bezeichneten Stelle
durch irgend welche Zufälligkeiten der Präparation geschehen ist.

Ganz ähnlich wie bei Mya sind die Verhältnisse bei Corbula (gibba),
Scrobicularia (alba und piperata) und Solen (pellucidus). Auch bei
allen diesen tragen die gesammten Epithelzellen des Mantelrandes durchweg den gleichen Charakter; und auch hier ist mehr oder weniger der
ganze Mantelrand an der Bildung der Epicuticula betheiligt. Bei Corbula
beginnt die Cuticularbildung schon auf der inneren Mantelfläche und
setzt sich dann über den ganzen inneren Lappen des Mantelrandes bis
an die Spitze des äußeren Lappens fort; von hier verläuft die Epicuticula eine Strecke frei, um sich schließlich als äußeres Periostracum um
den Schalenrand umzubiegen. Ganz das gleiche Verhalten zeigt Solen,
nur sind es hier, wenigstens in den verwachsenen Theilen des Mantels
jederseits vier Lappen, über die sich die Epicuticula hinwegzieht, ehe sie
auf die Schale übergeht. An der Mantelnaht präsentirt sich dasselbe
Bild wie bei Mya, nur sind die Cuticularmassen bei Weitem nicht so
dick. — Bei Scrobicularia alba sind, wie bei Corbula, alle Lappen des
Mantelrandes und selbst ein Theil der inneren Mantelfläche an der

Absonderung der Epicuticula betheiligt. Dasselbe gilt von dem in zahlreiche größere und kleinere Lappen zerspaltenen Mantelrande von Scrobicularia piperata, nur ist hier der eine innerste Lappen nicht mehr von der Epicuticula bedeckt. — Bei Cardium edule ist ein auffallend kleiner Theil des stark gegliederten Mantelrandes an der Abscheidung der Epicuticula betheiligt, was ohne Zweifel damit im Zusammenhang steht, dass dieselbe hier nur sehr dünn ist. An einer Stelle, wo der Mantel in der Mitte verwachsen war, zählte ich sieben große innere Lappen jederseits, die jeglicher Beziehung zur Epicuticula entbehrten. Erst in dem Grunde der Falte zwischen dem achten und neunten kleinen Lappen, welche beide ganz auf die Außenseite des Mantels gerückt sind, erscheint die Epicuticula. Wie bekannt, sind jedoch die Mantellappen von Cardium nur an den Siphonen verwachsen; in allen übrigen freien Theilen sieht man, dass nur der erste innere Mantellappen, der alle anderen an Größe bedeutend übertrifft, ohne Beziehung zur Epicuticula bleibt, und dass diese erst zwischen dem zweiten und dritten Lappen entspringt. Aber auch von diesen beiden Lappen sind nur die einander zugekehrten Seiten an der Abscheidung der Epicuticula betheiligt. Dabei zeigt sich hier zum ersten Mal im Bau der betheiligten Epithelzellen eine auffällige Verschiedenheit, die bei anderen Species, wie wir sehen werden, noch einen viel höheren Grad erreicht. Die Zellen des einen Lappens, denen die Epicuticula direkt aufliegt, zeigen keine Abweichung von dem Bau des übrigen Mantelepithels; aber die Zellen des gegenüber liegenden Lappens, deren Beziehung zur Epicuticula weniger ins Auge fällt, besitzen eine auffallend schmale und verlängerte Form mit entsprechend länglichem Kern. Schon bei Cardium, noch viel mehr aber bei Tellina, Astarte, Cyprina. (Fig. 21 b) und Mytilus (Fig. 3 und 5 b) erhellt aus den Lageverhältnissen dieser langen Zellen, dass sie die größte Rolle beim Dickenwachsthum der Epicuticula spielen. — Bei Tellina baltica ist ebenfalls das gesammte Epithel der hier sehr zahlreichen Mantellappen an der Ausscheidung der Epicuticula betheiligt. Die erwähnten langen Zellen sind aber hier ganz auf die Außenseite des äußersten großen Mantellappens beschränkt und gehören also sonderbarerweise der Außenfläche des Mantels an. Trotzdem ist die nahe Beziehung zur Epicuticula evident. Auf den langen Zellen entsteht ein besonderer Strang von Cuticularmasse, welche sich etwa über der Mitte des Mantelrandes mit der eigentlichen Epicuticula vereinigt.

Bei Astarte borealis sind zwei von den vorhandenen drei Mantellappen vollständig, der dritte innerste nur zum Theil an der Abscheidung der Epicuticula betheiligt. Der äußerste trägt auf seiner Innen- und Außenfläche lange schmale Zellen, die aber hier bei Weitem nicht

so in die Augen fallen wie bei Tellina und der jetzt zu erwähnenden
Cyprina. Bei der letzteren (cf. Fig. 21) ist eine Seite des mittleren und
der ganze äußere Mantellappen von der Epicuticula bedeckt. Da in dem
Präparat, nach dem Fig. 21 gezeichnet wurde, die Epicuticula von ihrer
Matrix abgehoben ist, so bemerke ich, dass nicht etwa, wie es scheinen
möchte, die langen Zellen (b), sondern die normalen Epithelzellen des
mittleren Mantellappens (a) die erste Anlage der Epicuticula bilden.
Die langen Zellen spielen wieder nur eine Rolle für das Dickenwachsthum der Epicuticula. Dies erscheint gerade hier, bei Cyprina, um so
plausibler, als die Epicuticula beim Verlassen der Mantelfalte nur noch
sehr dünn ist und von hier ab noch eine ganze Strecke frei verläuft, bis
sie bedeutend verdickt den Schalenrand erreicht. Gerade dieser Umstand, dass die Epicuticula auf einer großen Strecke, wo sie fortwährend
an Dicke zunimmt, frei zu verlaufen scheint, berechtigt zu der Annahme,
dass die langen Zellen, welche auf der Oberfläche des Mantels noch in
außerordentlicher Ausdehnung vorhanden sind, das Dickenwachsthum
der Epicuticula ermöglichen. Die Berührung dieser Zellen mit dem frei
erscheinenden Theile der Epicuticula wird durch die außerordentliche
Beweglichkeit des Mantelrandes in der vollkommensten Weise garan-
tirt. — Auch bei den meisten der schon früher abgehandelten Species,
besonders bei Corbula, Solen u. a. bleibt in der Ecke zwischen dem
inneren und dem äußeren Periostracum ein oft sehr großer Spielraum
für den Mantelrand frei. Man darf wohl annehmen, dass durch die
häufigen Bewegungen des Mantelrandes auch das allmähliche Fortrücken
des Periostracums von seiner Entstehungsstätte fort ermöglicht oder doch
erleichtert wird. Damit steht im Zusammenhang, dass bei allen Formen,
welche eine hervorragende Lappen- oder Faltenbildung ihrer Epicuticula zeigen, diese immer auf der freien Strecke zwischen Mantelrand
und dem äußersten Schalenrand vor sich geht (cf. Fig. 21). Die Epicuticula bildet hier eben durch die vielfache Hin- und Herbewegung
Faltungen, und die Wandungen derselben verschmelzen alsbald mit
einander, da die Cuticularsubstanz noch nicht völlig erstarrt ist. Der
frei verlaufende Theil der Epicuticula ist bei Cyprina auch der Ort für
die Höhlenbildung in derselben, die hier, eben so wie bei Mytilus [1],
zweifelsohne durch die unvollkommene Sekretion gewisser Epithelzonen
zu Stande kommt. — Bei Mytilus, wo die Epicuticula sich direkt um
den Schalenrand umbiegt, so wie sie aus der Mantelfalte hervortritt,
vermisst man auch jegliche Spur von Lamellenbildung und findet die
Schalenoberfläche ganz glatt. Dagegen sind z. B. bei Anodonta — wie

[1] cf. p. 11.

ich hier anfügen will — die Verhältnisse wieder denen von Cyprina
ähnlicher; wir finden die Epicuticula noch sehr dünn, wenn sie die
Mantelfalte verlässt; aber ehe sie den Schalenrand erreicht, verläuft sie
unter mannigfacher Faltenbildung eine Strecke lang frei aber in engster
Beziehung zu den hier sehr ausgedehnten und zum großen Theil auf die
Außenfläche des Mantels gerückten langen Zellen, die das Material zum
Dickenwachsthum liefern. — Bei Mytilus sind im Zusammenhang mit
den oben geschilderten Verhältnissen die langen Zellen auf die Innenseite des äußersten Mantellappens beschränkt (Fig. 3 b). Sie sind schon
beim jungen Thier auffallend groß und hervortretend, aber mit dem
Wachsen des Thieres vergrößert sich ihre Länge und ihre Oberfläche
ganz unverhältnismäßig. Während sie erst in einer geraden Linie neben
einander liegen (Fig. 3), bilden sie später vielfache Lappen und Ausbuchtungen, wodurch die secernirende Oberfläche erheblich vergrößert
wird (Fig. 5). Dies ist um so weniger auffällig, als gerade bei Mytilus
der Weg der Epicuticula von der Tiefe der Mantelfalte bis zum Schalenrande ein so sehr kurzer ist, während andererseits bei keiner der von
mir untersuchten Formen die Epicuticula eine gleiche Dicke und Festigkeit erreicht, wie bei Mytilus. Sie erscheint schon im Grunde der Mantelfalte als scharf begrenzte ziemlich dicke Schicht und bekundet ihre
Zähigkeit dadurch, dass sie selbst in ihren jüngsten Theilen eine vollkommene Indifferenz gegen Tinktionsmittel aufweist. Selbst im Innern der
Epithelzellen hindern diese Cuticularsubstanzen die Färbung theilweise.
Bei Anwendung von Pikrokarmin werden die langen Zellen allerdings
mit Inhalt immer ziemlich stark gefärbt und erscheinen dann wegen
ihrer Schmalheit und Dichtigkeit meist sehr dunkel. Aber Alaunkarmin
färbt nur einzelne Zellpartien und lässt eine ziemlich umfangreiche
körnelige Masse, welche nahe dem äußeren Ende liegt und die gelbliche
Farbe der Epicuticula besitzt, regelmäßig ungefärbt.

c. Die durchsichtige Substanz.

Zum Schluss komme ich noch mit wenigen Worten auf die Beziehung der Muskeln, besonders des großen Schließmuskels zur Schale
zurück. Es wurde schon an einem früheren Orte hervorgehoben, dass
die Muskelnarben von einer besonders charakterisirten Schalensubstanz,
der sogenannten durchsichtigen Substanz, bedeckt sind, welche mit
eigenthümlicher Begrenzung gangartig in die Perlmuttersubstanz eingelagert ist, und durch ihre Form und Ausdehnung den Weg des Muskels
während des Wachsthums der Schale andeutet (cf. Fig. 8 B). Sie liegt
an der Befestigungsstelle des Schließmuskels, dem zufolge auf der inneren

Schalenoberfläche, und wird nachträglich beim Fortrücken des Muskels immer von gewöhnlicher Perlmuttersubstanz überlagert.

TULLBERG stellt nun sonderbarerweise auch für diese durchsichtige Substanz die Behauptung auf, sie werde durch chemische Metamorphose der darunter liegenden Zellen gebildet[1]; und er glaubt in dem prismatisch nadeligen Charakter der Substanz einen Beweis dafür zu finden, dass dieselbe durch Zerfaserung der äußersten Zellränder gebildet werde, ähnlich wie das von der Entstehung der Epicuticula beschrieben wurde. Nun besteht aber die durchsichtige Substanz, wie wir bei Mytilus, Cardium etc. gesehen haben, gar nicht aus einfachen geraden regelmäßig neben einander liegenden Fasern, etwa wie gewisse Theile der inneren Substanz von Scrobicularia und Mya (Fig. 15), sondern ihre prismatische Gliederung wird durch sehr unregelmäßige vielfach konische Einlagerungen oder sekundär ausgefüllte Höhlungen hervorgerufen. Außerdem besitzt sie wirkliche Höhlungen von mannigfach verschiedener Gestalt, wie das schon v. NATHUSIUS-KÖNIGSBORN beschrieben hat[2]. Die große Festigkeit der Verbindung zwischen Schale und Muskel macht es nun wahrscheinlich, dass die zerfaserten Enden der Muskeln in diese Höhlungen hineingreifen, die ihrerseits erst durch die sekretorische Thätigkeit der Muskelzellen entstanden sind. Es fehlt nämlich zwischen Schale und Muskel jegliche Spur eines Epithelialbeleges, und TULLBERG gegenüber möchte ich behaupten, dass die hier vorhandenen zelligen Elemente nicht den entferntesten Vergleich mit irgend einer Form der sekretbildenden Epithelzellen zulassen. Es sind vielmehr die eigenthümlichen spindelförmigen Muskelzellen selbst, die hier die sekretorische Thätigkeit übernommen haben. Auf Schnitten parallel der Längsrichtung der Muskeln, die von ganzen Thieren mitsammt der entkalkten Schale gefertigt waren, sieht man regelmäßig, dass die in' mehrere Ausläufer zerfaserten Muskelzellen gegen die Schale hin von feinen Cuticularsäumen bedeckt sind. — Man kann sich sehr wohl denken, dass beim weiteren Wachsthum des Thieres die Muskelenden succesive aus den Höhlungen heraustreten, und dass diese, nachdem sie nachträglich mit Kalkmasse ausgefüllt sind, der durchsichtigen Substanz ihr charakteristisches Gepräge verleihen.

Nach alle Dem halten wir uns berechtigt, an dieser Stelle den alten Satz aufrecht zu halten, dass sämmtliche Theile der Muschelschale als echte Cuticulargebilde, das heißt als Zellsekrete entstehen.

Kiel, im Januar 1884.

[1] cf. l. c. p. 26.   [2] cf. l. c. p. 66 und Fig. 39.

Litteraturverzeichnis.

1) Réaumur, De la formation et de l'acroissement des coquilles des animaux tant terrestres qu'aquatiques, soit de mer, soit de rivière. (Hist. de l'Acad. roy. des Sciences. Année 1709. Paris 1711. Mém. p. 364—400.)

2) —— Éclaircissements de quelques difficultés sur la formation et l'acroissement des coquilles. (Histoire de l'Acad. roy. des Sciences. Année 1716. Paris 1718. Mém. p. 303.)

3) Méry, Remarques faites sur la moule des estangs. (Hist. d. l'Ac. roy. d. Sc. Année 1710. Paris 1712. Mém. p. 408.)

4) Hérissant, Eclaircissements sur l'organisation jusqu'ici-inconnue d'une quantité considérable de productions animales, principalèmcnt des coquilles des animaux. (Hist. d. l'Ac. roy. d. Sc. Année 1766. Paris 1776. Mém. p. 508—540.)

5) Poli, Testacea utriusque Siciliae. I. Parmae 1791.

6) Bowerbank, On the Structure of the shells of molluscous and conchiferous animals. (Transact. of the Microsc. Society. Vol. 1. p. 123. London 1844.)

7) Bournon, Traité complet de la chaux carbonatée et de l'arragonite. Londres 1808. p. 310—338. (Im Auszug [von Noeggerath] in Wiegmann's Archiv. 1849. I. p. 209—224.)

8) Brewster, On new properties of light exhibited in the optical phaenomena of mother-of-pearl. (Philos. Transact. of the Royal Society of London 1814. Part. II. p. 397.)

9) H. de la Bèche, Researches on theoretical geology. London 1834.

10) L. A. Necker, Note sur la nature minéralogique des coquilles terrestres fluviatiles et marines. (Annal. des Sc. nat. [2]. Zool. XI. 1839. p. 52.)

11) Fr. Leydolt, Über die Struktur und Zusammensetzung der Krystalle des prismatischen Kalkhaloids nebst Anhang über die Struktur der kalkigen Theile einiger wirbelloser Thiere. (Sitzungsber. d. math.-naturw. Klasse d. k. Akad. d. Wissensch. in Wien. XIX. 1856. p. 10—32.)

12) G. Rose, Über die heteromorphen Zustände der kohlensauren Kalkerde. (Abhandlungen d. Akad. d. Wissensch. zu Berlin. 1858.)

13) H. C. Sorby, On the structure and origin of limestone. (Quarterly Journal of the geological Society of London. Vol. 35. 1879. p. 56.)

14) Carpenter, On the microscopic structure of shells. (Report of the Brit. Assoc. 1844 [p.1]. 1847 [p. 93].)

15) Kölliker, Über das ausgebreitete Vorkommen von pflanzlichen Parasiten in den Hartgebilden niederer Thiere. (Zeitschr. f. w. Zool. Bd. X. 1860. p. 215.)

16) —— Untersuchungen zur vergleichenden Gewebelehre. (Verh. d. phys. med. Ges. in Würzburg. Bd. VIII. 1858. p. 1.)

17) Wedl, Über die Bedeutung der in den Schalen von manchen Acephalen und Gastropoden vorkommenden Kanäle. (Sitzungsber. d. Wiener Akad. Bd. XXXIII. Wien 1859. p. 451.)

49

18) M. Stirrup, On shells of Mollusca showing so-called fungoid growths. (Proc. of the literary and philos. Soc. of Manchester. Vol. XI. Manchester 1872. p. 137.)

19) T. H. Huxley, Tegumentary organs. (Todd. Cyclopaedia. Vol. V. 1859. p. 473.)

20) —— Der Krebs. Leipzig 1881.

21) Leydig, Vom Bau des thierischen Körpers. Bd. I. Tübingen 1864. p. 89 ff.
—— Die Hautdecke und Schale der Gastropoden. (Archiv f. Naturgeschichte. XLII. Bd. I. 1876. p. 1.)
—— Über Cyclas cornea Lam. (Müller's Archiv. 1855. p. 47.)

22) v. Ihering, Über die Entwicklungsgeschichte der Najaden. (Sitzungsber. der Naturf.-Ges. zu Leipzig. Nr. 1. April 1874.).

23) Th. v. Hessling, Die Perlmuscheln und ihre Perlen. Leipzig 1859.

24) C. Semper, Beiträge zur Anatomie und Physiologie der Pulmonaten. (Zeitschr. f. w. Zool. Bd. VIII. 1857. p. 340.)

25) C. Schmidt, Zur vergleichenden Physiologie der wirbellosen Thiere. Braunschweig 1845.

26) Meckel, Mikrographie einiger Drüsenapparate der niederen Thiere. (Müller's Archiv. 1846. p. 1.)

27) Bronn's Klassen und Ordnungen des Thierreichs. Bd. III. 1. und 2. Theil. 1862 bis 1866. (2. Theil herausgeg. von Keferstein.)

28) W. v. Nathusius-Königsborn, Untersuchungen über nicht celluläre Organismen, namentlich Crustaceenpanzer, Molluskenschalen und Eihüllen. Berlin 1877.

29) T. Tullberg, Studien über den Bau und das Wachsthum des Hummerpanzers und der Molluskenschalen. Stockholm 1882. (Kongl. Svenska Vetenskaps-Akademiens Handlingar. Bd. XIX. III.)

30) H. A. Meyer und Möbius, Fauna der Kieler Bucht. II. Bd. Prosobranchia und Lamellibranchia. Leipzig 1872.

31) K. Möbius, Die echten Perlen, ein Beitrag zur Luxus-, Handels- und Naturgeschichte derselben. Hamburg 1857.

32) P. Harting, Recherches de morphologie synthétique sur la production artificielle de quelques formations calcaires organiques. Publiées par l'Académie royale Néerlandaise des sciences. Amsterdam 1872.

33) E. Haeckel, Über die Gewebe des Flusskrebses. (Müller's Archiv. 1857.)

34) Braun, Über die histologischen Vorgänge bei der Häutung von Astacus fluviatilis. (Arb. a. d. zool.-zoot. Institut in Würzburg. Bd. II. 1875.)

35) M. E. Frémy, Annales de Chimie et de Physique. 1855. Sér. III. T. 43. p. 96.
J. Schlossberger, Allgemeine und vergleichende Thierchemie. 1856. Bd. I. p. 191 und 243.
C. Voit, Anhaltspunkte für die Physiologie der Perlmuschel. (Zeitschr. f. w. Zool. Bd. X. 1860. p. 470.)

Erklärung der Abbildungen.

Tafel I und II.

(Sämmtliche Abbildungen sind mit Hilfe des WINKEL'schen Zeichenapparates entworfen. Die angewandten Vergrößerungen sind daher in der hier folgenden Erklärung durch bloße Angabe der WINKEL'schen Objektivnummern gegeben.) Die zur Orientirung angegebenen Pfeile laufen immer der Schalenoberfläche parallel.

Fig. 1 A. (W. 7.) Mytilus edulis, ein Stück des Periostracums von der Mitte der Schalenoberfläche, von der Fläche gesehen.

Fig. 1 B. (W. 7.) Mytilus edulis, ein Stück des »inneren Periostracums«, von der Fläche gesehen.

  a, der in der Mantelrandfalte befestigte Theil; b, der dem Schalenrande zugekehrte Theil.

Fig. 1 C. (W. 7.) Mytilus edulis, Querschliff des Periostracums.

n, blaue Substanz der Schale.

Fig. 2. (W. 3.) Mytilus edulis (junges Exemplar von circa 25 mm Länge), Querschliff durch den Schalenrand mit dem inneren und äußeren Periostracum, senkrecht gegen die Anwachsstreifen.

Fig. 3. (W. 3.) Mytilus edulis, Periostracum (p), Schalensubstanz (s) und Mantelrand (m) eines jungen entkalkten Exemplares im Querschnitt.

b, die »langen« Zellen des äußeren Mantelblattes.

Fig. 4. (W. 7.) Mytilus edulis, innere oder weiße Schalensubstanz von der inneren Oberfläche gesehen.

Fig. 5. (W. 7.) Mytilus edulis, Querschnitt durch die Mantelrandfalte mit dem jüngsten Theile des Periostracums und den an seiner Bildung betheiligten Epithelzonen (aus der Region des hinteren Schließmuskels).

a, Substanz des Periostracums; b, »lange« Zellen des äußeren Mantelblattes (cf. Fig. 3).

Fig. 6. (W. 5.) Scrobicularia piperata, die äußere Schalensubstanz schief quergeschliffen, so dass einzelne Theile fast parallel der Schalenoberfläche getroffen sind.

Fig. 7. (W. 3.) Cardium edule, Querschliff durch die äußere Substanz der Schale senkrecht gegen die Anwachsstreifen und nahe dem Bauchrande der Schale (der Pfeil deutet nach dem Schalenrande).

p, Fetzen des Periostracum; a, die darunter liegende äußerste Randzone.

Fig. 8 A. (W. 5.) Cardium edule, Querschliff durch die innere Schalensubstanz senkrecht gegen die Anwachsstreifen.

a, Theile der angrenzenden äußeren Schalensubstanz.

Fig. 8 B. (W. 5.) Cardium edule, Querschliff durch die Ansatzstelle des Schließmuskels.

d, »durchsichtige« Schalensubstanz; i, Theile der inneren Schalensubstanz, welche ohne scharfe Grenze in die äußere Schalensubstanz übergehen.

Fig. 9. (W. 8.) Cardium edule, Ansicht der äußeren Schalensubstanz, welche einem Querschliff parallel den Anwachsstreifen entspricht, gezeichnet nach einem Schalenbruchstück.

(Der doppelte Pfeil deutet die Richtung eines beliebigen Anwachsstreifens der Schalenoberfläche an.)

Fig. 10. (W. 3.) Tellina baltica, Querschliff durch das Schloss und die angrenzenden Schalentheile, senkrecht gegen die Anwachsstreifen.

b, Schalenband; s, Schalenbandwall; x, Schalentheil, in welchem die prismatische, z, Schalentheil, in welchem die lamelläre Anordnung vorwiegt; y, Schalentheil, in welchem beide Strukturverhältnisse im Gleichgewicht sind.

Fig. 11. (W. 7.) Mya arenaria, Theil eines Querschliffes durch die innere Schalensubstanz in der Nähe des Schlosses, senkrecht gegen die Anwachsstreifen.

Fig. 12. (W. 5.) Mya arenaria, Querschliff durch einen Theil der inneren Schalensubstanz — senkrecht gegen die Anwachsstreifen, — mit zapfenförmigen Einlagerungen.

Fig. 13. (W. 7.) Corbula gibba, verschiedene Formen von Einlagerungen oder sekundär ausgefüllten Höhlungen, aus einem Querschliff senkrecht gegen die Anwachsstreifen.

Fig. 14. (W. 3.) Mya arenaria, Querschliff durch die innere Schalensubstanz — senkrecht gegen die Anwachsstreifen — aus der Nähe des Schalenschlosses.

Fig. 15. (W. 5.) Mya arenaria, Schalenquerschliff senkrecht gegen die Anwachsstreifen nahe am Schalenrande an der Stelle, wo sich die innere Schicht (i) gegen die äußere (a) auskeilt.

Fig. 16. (W. 5.) Mya arenaria, innere Schalensubstanz aus der Nähe des Schalenschlosses von der Fläche gesehen (nach einem Schalenbruchstück).

Fig. 17 A und B. (W. 5). Mya arenaria, innere Schalensubstanz parallel der Oberfläche geschliffen, aus der Nähe des Schalenschlosses. Beide Ansichten finden sich dicht neben einander auf ein und demselben Schliff.

Fig. 18. (W. 7.) Cyprina islandica, Querschliff senkrecht gegen die Anwachsstreifen durch eine an Kanälen reiche Schicht in der unmittelbaren Nähe des Schlossbandes.

Fig. 19. (W. 3.) Cyprina islandica, Querschliff der Schale senkrecht gegen die Anwachsstreifen.

p, Periostracum; a, äußere, i, innere Schalensubstanz.

Fig. 20. (W. 3.) Mya arenaria, Querschnitt durch den ventralen Mantelrand.

m, mediane Verwachsungslinie der beiderseitigen Mantellappen; b, Stelle, an welcher die Cuticularschicht mit dem Epithel von dem darunter liegenden Gewebe abgehoben ist; a, eigentliches Periostracum, welches sich von den Cuticularmassen des Mantelrandes abzweigt und nach dem Schalenrande hinzieht.

Fig. 21. (W. 3.) Cyprina islandica, Querschnitt durch den Mantelrand mit den jüngsten Theilen des Periostracums.

a, Epithellage, welche die erste Anlage des Periostracums bildet; b, »lange« Zellen; p, Periostracum mit beginnender Faltenbildung.

LEBENSLAUF.

Am 20. December 1861 wurde ich, ERNST EHRENBAUM, zu Perleberg in der Provinz Brandenburg geboren. Meine Schulbildung verdanke ich dem Realgymnasium (damals Realschule I. Ordnung) meiner Vaterstadt, welches ich zu Michaelis des Jahres 1879 mit dem Zeugnis der Reife verließ, um mich dem Studium der Naturwissenschaften zu widmen. Die ersten drei Semester verbrachte ich in Berlin, die folgenden drei in Würzburg. Seit Michaelis 1882 studire ich in Kiel. Während meiner Studienzeit besuchte ich die Vorlesungen und Praktika der Herren Professoren und Docenten: ARZRUNI, BEYRICH, BISCHOFF, BÜCKING, DU BOIS REYMOND, EICHLER, ENGLER, ERDMANN, FINKENER, HAAS, HOFMANN, JESSEN, KNY, KOHLRAUSCH, LADENBURG, LIEBISCH, MÖBIUS, PAULSEN, RÜG-HEIMER, V. SACHS, SANDBERGER, SCHWENDENER, SEMPER, WEBSKY, E. WEISS, WEYER, WISLICENUS, ZELLER. Ihnen allen spreche ich hierdurch meinen wärmsten Dank aus.

———•—•—•———

Druck von Breitkopf & Härtel in Leipzig.

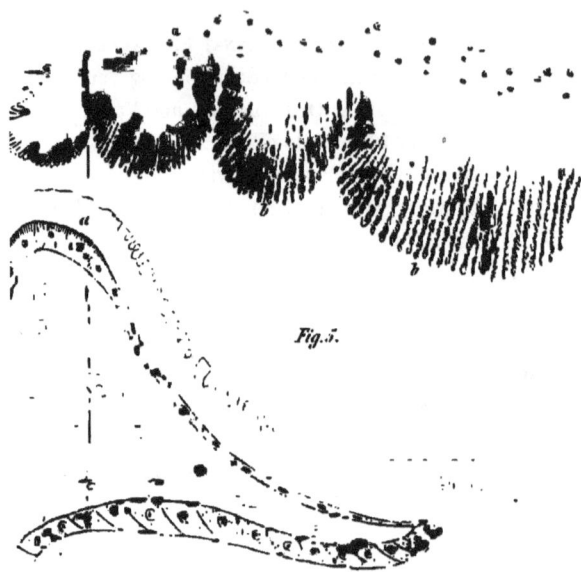

Fig. 5.

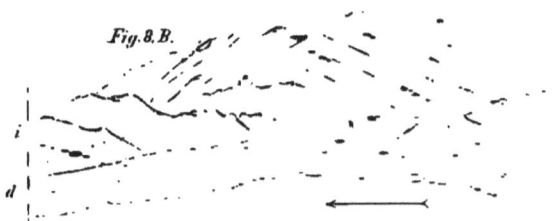

Fig. 8. B.

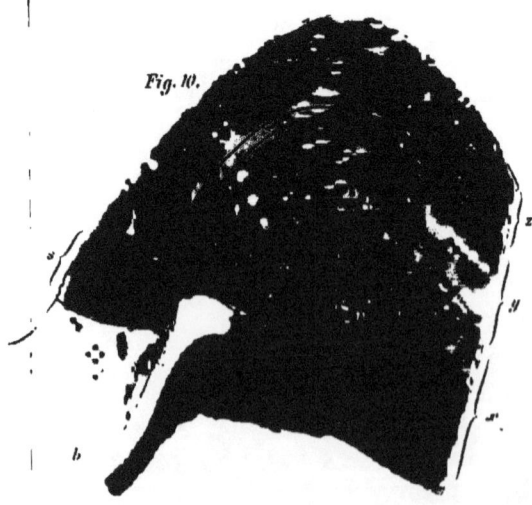

Fig. 10.

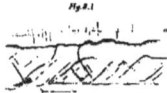

With Koophaum

Fig.20.

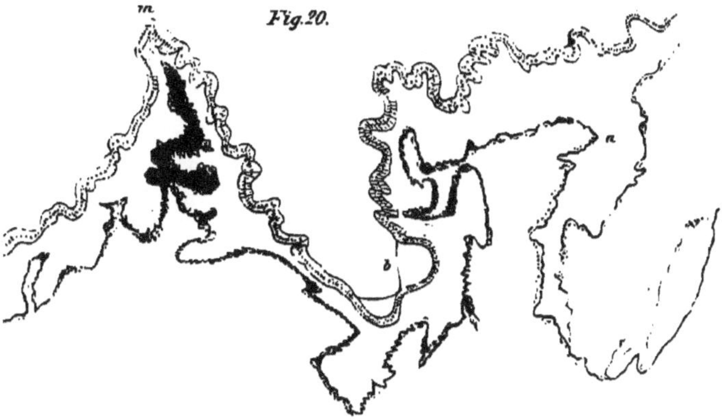

Fig.18.

Fig.21.

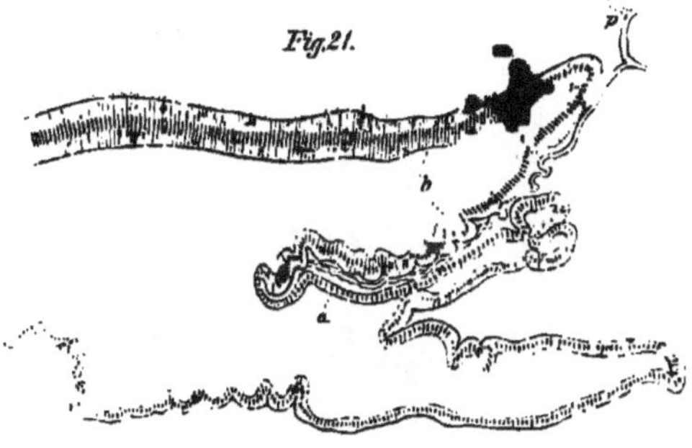

Lith.Ar.st v.E.A.Funke, Leipzig

Fig. 11.

Fig. 12 a.

Fig. 12 b.

Fig. 19.

Fig. 12.

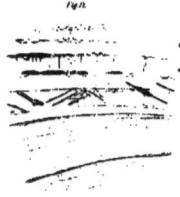

Fig. 13.

Fig. 14.

Fig. 16.

Fig. 17.

Fig. 18.

Fig. 20.

Fig. 21.

Verlag Wilh. Engelmann in Leipzig.

www.ingramcontent.com/pod-product-compliance
Lightning Source LLC
Chambersburg PA
CBHW022012190326
41519CB00010B/1492